U0181264

著者简介

里　诚

　　东京大学研究生院工学部电子工程专业毕业。1967 年起在三菱 Precision 株式会社从事火箭感应装置、卫星设备等的开发设计。1999 年起在宇宙开发事业团从事卫星姿势控制设备的研究和航空电子设备的评估。2007 年起在东京大学和宇宙航空研究开发机构担任航天设备开发的技术指导。日本航空宇宙学会会员。

PWM DC-DC 电源设计

〔日〕里 诚 著

蒋 萌 译

科学出版社

北 京

图字：01-2022-3239号

内 容 简 介

在设计电子产品的过程中，许多设计者都会选择市面上购买的电源组件，作者从实际设计经验出发，深度剖析亲自设计并组装电源的优势。

本书列举大量设计实例详细介绍电源设计的技巧，内容包括PWM DC-DC变换器、整流电路、二极管电路、变压器、负载、开关电路、PWM IC、辅助电源、电压检测、EMI滤波器、尖峰信号对策、共模噪声对策、电磁干扰对策等。本书图表丰富，设计案例详实，对读者的设计产生积极影响。

本书可作为电子、自动化等相关专业学生的参考用书，也可供电子技术领域的工程技术人员参考阅读。

图书在版编目（CIP）数据

PWM DC-DC电源设计/(日)里诚著；蒋萌译.—北京：科学出版社，2023.1

ISBN　978-7-03-073631-4

Ⅰ.①P… Ⅱ.①里… ②蒋… Ⅲ.①电源–设计 Ⅳ.① TM910.2

中国版本图书馆CIP数据核字（2022）第201056号

责任编辑：杨　凯／责任制作：魏　谨
责任印制：师艳茹／封面设计：张　凌

北京东方科龙图文有限公司　制作

http://www.okbook.com.cn

科 学 出 版 社 出版

北京东黄城根北街16号
邮政编码：100717
http://www.sciencep.com

天津市新科印刷有限公司　印刷

科学出版社发行各地新华书店经销

*

2023年1月第 一 版　　开本：787×1092　1/16
2023年1月第一次印刷　　印张：13
字数：246 000

定价：68.00元

（如有印装质量问题，我社负责调换）

序

许多电子产品设计者在设计过程中会选择在市面上购买电源组件，而我建议大家亲自设计，亲自组装。这样做的目的有如下几点：

第一，在亲自设计并制作电子产品的过程中去除黑盒（black box）。

我们在设计电子产品并向客户交付使用时，就要对产品负责。我们对交付于用户的产品有多深的了解，决定了我们能否负起全责。如果用购买到的电源组装设备，我们不了解它的设计目的和制造过程，就会在产品中形成黑盒。如果电源发生故障，我们对其内部构造和设计一无所知，也就无从解析。这就会导致我们在用户和经销商之间将大量时间浪费于互通信件，无法对所提供的产品承担责任。即便问题最终得以解决，总结出的经验也无法使自己或公司获益。如果亲自设计并制作电源，就能够全盘掌控包括其他电路在内的设备的大部分设计，这样才能够负责地为用户解决问题。

第二，能够为作为负载的电路以及供电的电源提出最佳设计方案。

能够为零负载到大负载提供完全相同的高品质电力的理想电源是不存在的。市面上的电源为了扩大市场，竭力打造轻盈、小巧、高效的产品，必然是在某个前提下以最大公约数来制造。而我们并不知道设计前提是什么。如果亲自设计，我们就能够制造出最匹配负载的电源。权衡负载端和电源侧，自由选择在负载端还是电源侧进行处理，这样才能制造出处于最佳工作点的设备。

第三，电源设计并不难。

如今PWM DC-DC变换器的控制芯片在市面上随处可见，任何人都能够设计电源。变压器和开关电路的组合就是偏置较深的放大器，可以视为音频放大器。虽说是电源，但它并不使用特殊元件。使用磁性材料制成的变压器和电感器类略少见，但我们可以咨询专业制造商，掌握一定知识后准备磁芯材料自己缠绕电线来制作。

虽然市面上的电源组件很小，但原则上是底盘安装。EMI滤波器外接的情况下，滤波器和电源的配置上也有限制，我们无法任意设计安装。由于芯片器件的普及，我们自己也能够轻而易举地制作小电源。只有亲自制作，才能将电源组装在功能电路的电路板上。这些因素大大增加了自制的优势。

本书列举了许多接线图上看不到的三级电路。所谓的设计，并不仅仅是制作接线图和元器件表。对共模噪声信号通道、热流和振动等隐形要素进行面面俱到的考量决定了设计的品质。

也许你只是偶然翻开了本书，并没有设计电源的念头，但我相信这本书会对你的设计产生积极的影响。如果你仍计划使用市面上的电源组件，请你读过本书再做决定。相信它会对你选购和使用成品电源有所帮助。

笔者在撰写本书的过程中得到了诸多帮助。首先要感谢出版本书的科学情报出版株式会社，以及向我引荐出版社的东京都市大学的西山敏树老师和庆应大学的狼义彰老师。其次要感谢日本Avionics株式会社的铃木隆博先生从电源设计专家的角度为本书斟字酌句。最后要感谢宇宙航空研究开发机构的各位鼓励我出版本书。

备 注：

① 电路仿真：电路仿真通常是通过Linear Technologies的LTspice来实现的。
② 实例图：实例图采用了原始文件的复印件，像素较低，敬请谅解。

目　录

第 5 章　三次侧 …………………………………………………… 139

第1章
PWM DC-DC变换器

1.1 DC-AC-DC变换器

PWM DC-DC变换器是pulse width modulation DC-DC converter的缩写，可直译为脉宽调制直流-直流变换器，是将直流作为一次输入和二次输出的电源。

电阻分压电路、串联调整器和直流输入的运算放大器虽然也能把直流转换为直流，但不能称之为直流-直流变换器。为了从直流中得到直流，一次电源的直流必须一度逆变为交流，再通过整流将交流转换为直流。严格地说并不是DC-DC变换器，而是DC-AC-DC变换器，如图1.1所示。

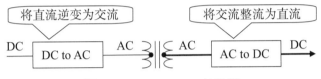

图1.1 DC-AC-DC变换器

逆变为交流是为了控制直流功率只提供二次侧所需的能量。还有一个好处是可以使用变压器。使用变压器可以通过设定匝数比来获得理想的二次电压，还可以使一次电源和二次电源直流绝缘。

1.2 方波的使用和PWM

将一次电源的直流逆变为交流时可以采用任意波形，而最常用的是方波。用开关控制一次电源的直流关断/导通，形成方波。这是因为开关器件的损耗较小，关断状态下器件中没有电流，损耗为零；导通状态下电流最大，但是器件上的电压为零，所以损耗为零，因此器件的损耗始终是零。

图1.2是开关器件的电流-电压概念曲线图。

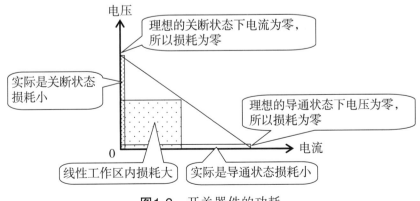

图1.2 开关器件的功耗

实际上无论是导通时还是关断时都有部分电压或电流残留，它们与电流或电压的积就是损耗。但这些电压和电流的积远远小于线性工作区。如果采用正弦波，开关器件需要在线性工作区内使用，这样势必导致损耗增加。

用方波振荡器驱动开关器件，对通过变压器得到的方波进行整流，就可以得到二次输出的直流，但同时需要考虑怎样吸收一次电源电压的变化。

假设二次侧的负载不变，即消耗电流 I 不变。在时间 T 内施加电源 V，其间功率 P 为

$$P = V \cdot I \cdot T$$

电源电压变为 2 倍时，功率也变为 2 倍，即

$$P = 2V \cdot I \cdot T$$

这时将开关导通的时间减半，其间的平均功率为

$$P = 2V \cdot I \cdot \frac{T}{2} = V \cdot I \cdot T$$

与电源电压为 V 时相同。也就是说，根据一次电源电压改变脉冲宽度能够保持二次输出不变，这就是脉冲宽度调制——PWM 的原理。需要注意的是，两个公式的结果是电压 V 和电流 I 的积，即功率始终保持不变，因此有助于提高效率。

PWM DC-DC 变换器能够在上述将直流逆变为方波交流的功能基础上，增加调整器功能，即不受一次电源电压影响，保持二次输出电压不变。

DC-DC 变换器曾使用过被称为 royer 型的自激变换器，它利用铁芯的饱和特性引发自激振荡，电路结构简单，但变压器的设计较难，而且很难用一次电源电压改变开关特性，想要在较大的一次电源电压范围内稳定使用必然需要花费一番工夫，而且电路本身没有调整功能。

PWM 型不像 royer 型那样难于设计变压器，也无需为大范围一次电源电压下的稳定工作大费周折，但是使用分立器件组装的控制电路体积较大，很难进行实用化。由于芯片技术的发展，市面上已经出现了装载这种复杂的控制电路的轻巧套装，任何人都可以轻松地制造出 PWM DC-DC 变换器，并且一提到 DC-DC 变换器，人们都会想到 PWM 型。

1.3 PWM DC-DC变换器的结构

PWM DC-DC变换器的结构概念图如图1.3所示。

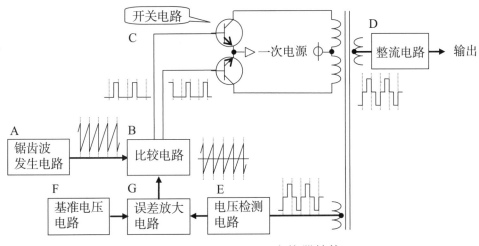

图1.3 PWM DC-DC变换器结构

制造方波，将一次电源的直流逆变为交流。

图中的A：锯齿波发生电路。

图中的B：比较锯齿波电压和稳定电压的电路。如果锯齿波电压高于比较电压，则产生导通信号，形成方波。

图中的C：用比较电路得到的方波驱动开关电路。

图中的D：用整流电路对变压器输出的方波进行整流，得到直流。

在此基础上增加调整功能。

图中的E：检测输出电压的电压检测电路。

图中的F：比较基准的电压源，使输出电压稳定不变。

图中的G：提取电压检测电路的输出和基准电压电路的输出的差，获得控制所需的放大度，这就是误差放大电路。

向比较电路输入误差放大电路的输出。

输出电压和基准电压的差使得锯齿波的电压发生变化，方波的振幅也相应变化。输出电压上升，则减小方波的振幅；输出电压下降，则增大方波的振幅，使输出电压保持稳定。

这里需要记住PWM DC-DC变换器有两个功能：

（1）将直流逆变为交流的功能。

（2）不受一次电源电压的影响，保持二次输出的电压稳定的调整功能。

第2章

整 流

整流指的是将交流转换为直流。PWM DC-DC的关键就在于整流。甚至可以说，完成整流电路的设计也就相当于完成了PWM DC-DC变换器的设计。打算从市面上购买PWM DC-DC变换器型电源组件的读者如果具备了整流方面的知识，必然对电源组件的选择、使用方法以及数据表的查阅方法等的理解有所帮助，请读完本章内容再做决定。

2.1 平均化

用方波切换的功率就像是切割后排列整齐的羊羹。一次侧像分羊羹一样按照二次侧所需的功率一块一块地分给二次侧。羊羹越厚，宽度就越小，羊羹越薄，宽度就越大，每次分配给二次侧的羊羹量不变。羊羹在二次侧被压扁，厚度相同，这个过程就叫作整流。

开关导通时，从一次侧供电；开关关断时，一次侧停止供电。无论开关状态如何，二次侧必须始终供应直流电。而只有开关导通时有供电，所以电路必须储存充足的电能，在开关关断时通过放电为负载供电，这就是整流电路的作用。

电感器或电容器负责储存电能。电感器以电流产生的磁通形式储存电能，电容器以电荷的形式储存电能。也就是说，整流电路中必须有电感器或电容器，从而确保稳定的二次输出，即输出平均化。

从方波交流得到直流的工作就是将切割的羊羹压扁的过程，但这样只能得到直流。我们还需要保持输出电压稳定的功能，也就是调整。

我们将开关导通时间T_1除以开关周期T的商定义为占空比d：

$$d \equiv \frac{T_1}{T}$$

占空比这一指数指的是开关周期中通电所占的比例，也就是开关导通所占的比例。用0～1之间的小数或0%～100%之间的百分数表示。

根据一次电源电压E控制占空比d，得到恒压。

输出电压V_{out}用下式表示：

$$V_{out} = d \cdot E$$

输出电压V_{out}稳定的条件是占空比和输入电压的积不变，并且方波交流完全平均化。

2.2 平均化的条件

PWM DC-DC变换器中，方波交流平均化得到直流。平均化的条件如下：

准备电压E的方波电源，负载连接电感器L和电阻R的串联电路，或电阻R和电容器C的串联电路。

电感器L和电阻R的串联电路中的电流，以及电阻R和电容器C的串联电路中的电容器端电压根据充电循环和放电循环以指数函数的形式变化。稳态下可以得到图2.1中的重复的指数函数波形。LR电路中电流以指数函数变化，但电阻R上的电压与电流成正比，为了便于理解，我们在此只考虑电压的情况。

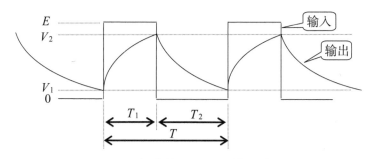

图2.1　方波输入和整流输出波形

图2.1中，E是输入电压，V_1是整流电路的输出电压下限值，V_2是上限值，T_1是充电时间，T_2是放电时间，T是开关周期。

电源电压是E期间，向整流电路充电，这是储存电能期间。设系统时间常数为τ_1。τ_1是充电时间常数。

电源电压是0期间，整流电路放电，这是释放电能期间。设系统时间常数为τ_2。τ_2是放电时间常数。

T_1期间内，电压初始值是V_1，如果保持施加E的状态不变，电压会以指数函数的形式无限接近于E。所以电压V对时间t的变化如下：

$$V = V_1 + (E - V_1)\left[1 - \exp\left(-\frac{t}{\tau_1}\right)\right] = E + (V_1 - E)\exp\left(-\frac{t}{\tau_1}\right)$$

因为$t = T_1$，$V = V_2$，所以

$$V_2 = E + (V_1 - E)\exp\left(-\frac{T_1}{\tau_1}\right) \tag{2.1}$$

T_1期间内，电压初始值是V_2，如果保持施加0的状态不变，电压会以指数函数的形式无限接近于0。所以电压V对于时间t的变化如下：

$$V = 0 + (V_2 - 0)\exp\left(-\frac{t}{\tau_2}\right) = V_2 \exp\left(-\frac{t}{\tau_2}\right)$$

因为$t = T_2$，$V = V_1$，所以

$$V_1 = V_2 \exp\left(-\frac{T_2}{\tau_2}\right) \tag{2.2}$$

式（2.1）和式（2.2）联立后得到V_1和V_2的值如下：

$$V_1 = \exp\left(-\frac{T_2}{\tau_2}\right) \cdot \frac{1 - \exp\left(-\dfrac{T_1}{\tau_1}\right)}{1 - \exp\left(-\dfrac{T_1}{\tau_1}\right)\exp\left(-\dfrac{T_2}{\tau_2}\right)} \cdot E \tag{2.3}$$

$$V_2 = \frac{1 - \exp\left(-\dfrac{T_1}{\tau_1}\right)}{1 - \exp\left(-\dfrac{T_1}{\tau_1}\right)\exp\left(-\dfrac{T_2}{\tau_2}\right)} \cdot E \tag{2.4}$$

根据之前的图可以想象到，时间常数τ_1和τ_2分别对于周期T_1和T_2越小，充电和放电越快，波形的上升和下降越陡峭，得到类似三角波的尖锐波形，品质下降。相反，时间常数越大，上升和下降越平缓，整体接近于直线，即接近于直流，品质上升。

为了得到平缓的直流，我们设充电和放电时间常数对于充电和放电时间足够大，即以下式为前提：

$$\tau_1 \gg T_1, \quad \tau_2 \gg T_2$$

现在，如果$x \ll 1$，则下列近似算式成立：

$$\exp(-x) = 1 - x$$

将上式带入式（2.4）可以得到：

$$V_2 = \frac{1 - \exp\left(-\dfrac{T_1}{\tau_1}\right)}{1 - \exp\left(-\dfrac{T_1}{\tau_1}\right)\exp\left(-\dfrac{T_2}{\tau_2}\right)} \cdot E = \frac{1 - \left(1 - \dfrac{T_1}{\tau_1}\right)}{1 - \left(1 - \dfrac{T_1}{\tau_1}\right)\left(1 - \dfrac{T_2}{\tau_2}\right)} \cdot E$$

$$= \frac{\dfrac{T_1}{\tau_1}}{\dfrac{T_1}{\tau_1} + \dfrac{T_2}{\tau_2} - \dfrac{T_1}{\tau_1} \cdot \dfrac{T_2}{\tau_2}} \cdot E$$

因为 $\dfrac{T_1}{\tau_1} \cdot \dfrac{T_2}{\tau_2}$ 项极小，可以忽略不计，所以得到下式：

$$V_2 = \frac{\dfrac{T_1}{\tau_1}}{\dfrac{T_1}{\tau_1} + \dfrac{T_2}{\tau_2}} \cdot E \tag{2.5}$$

下面导入占空比 d。将 $T_1 = d \cdot T$，$T_2 = (1-d) \cdot T$ 带入式（2.5）可以得到

$$V_2 = \frac{\dfrac{T_1}{\tau_1}}{\dfrac{T_1}{\tau_1} + \dfrac{T_2}{\tau_2}} \cdot E = \frac{\dfrac{d \cdot T}{\tau_1}}{\dfrac{d \cdot T}{\tau_1} + (1-d) \cdot \dfrac{T}{\tau_2}} \cdot E \tag{2.6}$$

$$= \frac{d}{d + (1-d)\dfrac{\tau_1}{\tau_2}} \cdot E$$

如果 $\tau_1 = \tau_2$，则下式始终成立：

$$V_2 = d \cdot E \tag{2.7}$$

这就是输入电压为 E、占空比为 d 时的平均值。

为了使输出电压 V_2 等于输入电压和占空比的积（$V_2 = d \cdot E$），必须使 $\tau_1 = \tau_2$，即充电和放电时间常数必须相等，这就是平均化的条件。

上文中我们对 V_1 忽略不计，如果将式（2.3）用 $\exp(-x) = 1-x$ 的近似值展开也能得到相同的结果。如果平均化正确，上述值一致也是理所当然。

下面尝试用数值去验证。

将式（2.6）的左右两边除以 $d \cdot E$，使之归一化：

$$V_{\mathrm{N}} = \frac{V_2}{d \cdot E} = \frac{V_1}{d \cdot E} = \frac{1}{d + (1-d) \cdot \dfrac{\tau_1}{\tau_2}} = \frac{1}{d + (1-d) \cdot \dfrac{1}{\left(\dfrac{\tau_2}{\tau_1}\right)}} \tag{2.8}$$

$\dfrac{\tau_2}{\tau_1}$ 固定时，占空比对应的归一化电压 V_{N} 如表 2.1 所示。

表2.1 $\dfrac{\tau_2}{\tau_1}$固定时，占空比对应的归一化输出电压

$\dfrac{\tau}{T}$	d								
	0.1	0.2	0.3	0.4	0.5	0.6	0.7	0.8	0.9
1.5	1.429	1.364	1.304	1.250	1.200	1.154	1.111	1.071	1.034
1.4	1.346	1.296	1.250	1.207	1.167	1.129	1.094	1.061	1.029
1.3	1.262	1.226	1.193	1.161	1.130	1.102	1.074	1.048	1.024
1.2	1.176	1.154	1.132	1.111	1.091	1.071	1.053	1.034	1.017
1.1	1.089	1.078	1.068	1.058	1.048	1.038	1.028	1.019	1.009
1.0	1	1	1	1	1	1	1	1	1
0.9	0.909	0.918	0.928	0.938	0.947	0.957	0.968	0.978	0.989
0.8	0.816	0.833	0.851	0.870	0.889	0.909	0.930	0.952	0.976
0.7	0.722	0.745	0.769	0.795	0.824	0.854	0.886	0.921	0.959
0.6	0.625	0.652	0.682	0.714	0.750	0.789	0.833	0.882	0.938
0.5	0.526	0.556	0.588	0.625	0.667	0.714	0.769	0.833	0.909
0.4	0.426	0.455	0.488	0.526	0.571	0.625	0.690	0.769	0.870

$d \cdot E$是目标直流输出电压，用表中的数字乘以目标输出电压，就可以计算出某占空比的输出电压。

从图2.2中可以看出变化倾向。

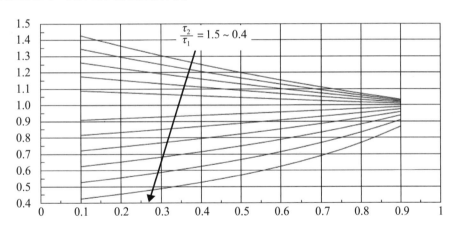

图2.2 占空比对应的规一化输出电压

充电和放电时间常数相等时$\left(\dfrac{\tau_2}{\tau_1}=1\right)$，占空比始终为1，能够得到正确的平均值。

放电时间常数大于充电时间常数时$\left(\dfrac{\tau_2}{\tau_1}>1\right)$，输出电压高于平均值，输出电压随占空比的减小而增大，放电不顺畅。

放电时间常数小于充电时间常数时 $\left(\dfrac{\tau_2}{\tau_1}<1\right)$，输出电压低于平均值，输出电压随占空比的减小而减小，放电顺畅。

那么表2.1说明了什么问题呢。实际上，表2.1表示一次电源电压对应的二次输出的稳定性——线性调整率。设占空比d与一次电源电压E成反比，则小占空比对应高电源电压，大占空比对应低一次电源电压。

若放电时间常数大于充电时间常数 $\left(\dfrac{\tau_2}{\tau_1}>1\right)$，则一次电源电压越高，二次电压越高。

若放电时间常数小于充电时间常数 $\left(\dfrac{\tau_2}{\tau_1}<1\right)$，则一次电源电压越高，二次电压越低。

上述讨论中，我们涉及了一次电源输入到二次输出的所有线性。但实际整流电路中还包含二极管的正向压降等常数项。当这些常数项与输出电压相比无法忽略不计时，即使充电时间常数等于放电时间常数 $\left(\dfrac{\tau_2}{\tau_1}=1\right)$，也可能无法得到良好的线性调整率。这时就要利用表2.1，主动调整充电时间常数和放电时间常数的关系，补偿常数项产生的误差，从而获得线性调整率。我们会在一次侧的设计中谈到这种方法。

2.3　满足平均化条件的整流电路

我们已经知道，整流电路的时间常数对于开关周期足够大，并且充电时间常数等于放电时间常数时，电路得以正确的平均化，调整可以正常进行。下面我们来探讨满足上述条件的整流电路。

能够储存能量的元件有电容器和电感器，所以只能使用电容器或电感器。

与导出整流条件的过程相同，我们先准备好方波电源。下文中设二极管为理想二极管，即内部电阻为0。

2.3.1　电容器输入电路

基本的电容器输入电路如图2.3所示。R_L是负载电阻。

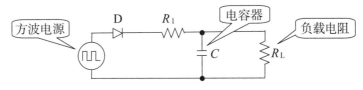

图2.3 电容器输入电路

充电循环的电流路径如图2.4所示。

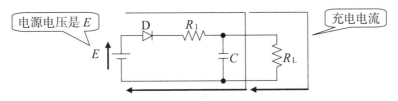

图2.4 充电循环的电流路径

电阻R_1和负载R_L将变压器的输出电压分压后的输出为电容器充电，所以充电循环的等效电路适用于戴维南定理，如图2.5所示。

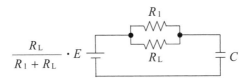

图2.5 充电循环的等效电路

所以充电时间常数τ_1为

$$\tau_1 = C \cdot \left(R_L \| R_1\right) = C \cdot \cfrac{1}{\cfrac{1}{R_L} + \cfrac{1}{R_1}} = C \cdot R_L \cdot \cfrac{1}{1 + \cfrac{R_L}{R_1}}$$

放电循环的电流路径如图2.6所示。

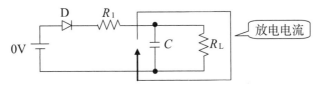

图2.6 放电循环的电流路径

电容器内储存的电荷只通过负载电阻R_L放电，放电时间常数τ_2为

$$\tau_2 = C \cdot R_L$$

比较充电时间常数τ_1和放电时间常数τ_2可知，$\tau_1 \neq \tau_2$。只有$R_1 >> R_L$时，$\tau_1 = \tau_2$。电源的电阻R_1必须远远大于负载电阻R_L，但是R_1串联在电流电路中，只会增加损耗。若电阻R_1数值过大，则无法得到输出功率，没有实用性。

想要得到功率，电阻R_1必须为0，这时充电时间常数为0，即变为峰值电压的采样电路，这样无法实现整流。

上述电容器输入电路无法用于PWM DC-DC变换器的整流。

2.3.2 扼流圈输入电路

扼流圈输入电路是电感器和电阻的串联电路，如图2.7所示。可把电阻R_L看作电阻器本身，也可以看作负载的等效电阻。

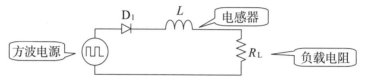

图2.7 扼流圈输入电路

思考充电循环，如图2.8所示，开关导通时，电力从方波电源流入串联的电感器L和电阻R_L。

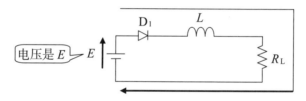

图2.8 充电循环的电流路径

充电时间常数τ_1取决于电感器L和电阻R_L：

$$\tau_1 = \frac{L}{R_L}$$

再看放电循环，如图2.9所示，开关关断后，电感器为了维持之前的电流，自己要作为电流源供电。但是二极管D_1在工作，电流无法通过，这时要增加二极管D_2制作回流通道。

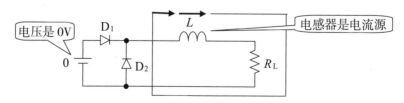

图2.9 放电循环的电流路径

这时的放电路径与充电时相同。

放电时间常数$\tau_2 = \dfrac{L}{R_L}$。

充电时间常数和放电时间常数一致，即$\tau_1 = \tau_2$。

扼流圈输入型的充放电电流路径相同，所以始终$\tau_1 = \tau_2$，因此可以作为PWM DC-DC变换器的整流电路。

2.3.3　扼流圈输入电路的问题

我们已经知道只有扼流圈输入电路能够完美实现整流电路的平均化，所以说扼流圈输入电路固有的特性就是PWM DC-DC变换器的特性。

1. 无负载则无法使用

整流的关键在于整流电路的时间常数。

重新观察扼流圈输入电路的时间常数：

$$\tau = \frac{L}{R_L}$$

无负载即电阻R_L无限大，也就是说时间常数为0。这种情况下整流不成立。因此整流电路中必须始终有电流通过。如果负载为0，则需要增加电阻（泄放电阻）与负载并联，制造暗电流，如图2.10所示。

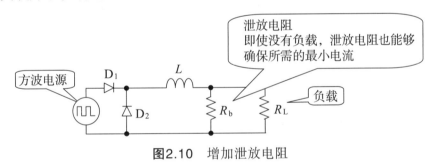

图2.10　增加泄放电阻

泄放电阻值的确定标准是：计算负载最小时容许的波动值，根据满足数值要求的时间常数决定电流大小。

2. 大电感器

设开关频率为100kHz，周期为10μs。当整流时间常数为开关周期的1000倍时，纹波可以忽略不计，所以1000倍时时间常数为10ms。

设目标直流电压为10V，负载电流为100mA，则等效负载电阻R_L为

$$R_L = \frac{10V}{100mA} = 100\Omega$$

因此需要10ms × 100Ω = 1H的大电感器。

如果负载电流为10mA，就需要高达10H的大电感器。如果负载电流在10～100mA范围内达到理想平均化，就要根据最小电流值10mA使用10H的电感器。极端地说，电感器就是铁块和铜块的混合体，又大又重，使用大电感器就会使设备又大又重。

3. 浪涌电压的出现

电感器能够维持电流不变，所以负载突然变化时，电感器储存的电流和负载电阻的积会产生浪涌电压。负载越轻，浪涌电压越大；负载越重，浪涌电压越小。通常考虑到元件的耐压，电压不可以过高，但数字器件的电压降可能导致逻辑故障，负载突然变大时电压下降也很棘手。

假设输出电压为10V，常态下的负载电流为100mA，负载突然从100mA降低到10mA。常态下的等效负载电阻为$\frac{10V}{100mA} = 100\Omega$，但是负载10mA时的等效负载电阻为$\frac{10V}{100mA} = 1k\Omega$。电感器为了维持100mA的电流，电流会通过1kΩ等效电阻，由此可以计算出负载电阻的两端瞬时出现的电压为100mA × 1kΩ = 100V。

我们需要在负载端上多花心思，尽可能减少负载电流的变化，难以抑制电流时就要增大泄放电阻中的电流来抑制电流变化。但是泄放电阻的电流始终存在，导致损耗变大。这是瞬态问题，可以用电容器进行控制，我们会在后面的内容中讲解。

2.4　整流电路的时间常数和开关周期

要获得准确的平均值，充电时间常数τ_1必须等于放电时间常数τ_2，满足该条件的整流电路就是扼流圈输入电路。

在导出过程中，我们假设整流电路的时间常数τ远远大于开关周期，即$\tau >> T$，但这样需要极大的电感器。如果要增大整流电路的时间常数τ，增大到多少更适宜呢。我们尝试探讨开关周期和整流电路时间常数的关系。

以充电时间常数等于放电时间常数（$\tau_1 = \tau_2$）为前提，假设整流电路时间常数远远大于开关周期，我们回到导入$\tau >> T$的关系之前的算式。

重新看一下导出平均化条件的图2.1。

E是输入电压，V_2和V_1分别是整流输出电压的最大值和最小值，T_1、T_2、T分别是充电时间、放电时间和开关周期。

我们在导出平均化条件时计算过 V_1 和 V_2。请再次观察下式：

$$V_1 = \exp\left(-\frac{T_2}{\tau_2}\right) \cdot \frac{1-\exp\left(-\dfrac{T_1}{\tau_1}\right)}{1-\exp\left(-\dfrac{T_1}{\tau_1}\right)\exp\left(-\dfrac{T_2}{\tau_2}\right)} \cdot E$$

$$V_2 = \frac{1-\exp\left(-\dfrac{T_1}{\tau_1}\right)}{1-\exp\left(-\dfrac{T_1}{\tau_1}\right)\exp\left(-\dfrac{T_2}{\tau_2}\right)} \cdot E$$

其中，τ_1 和 τ_2 分别是充电和放电时间常数。

因为 $\tau_1 = \tau_2$，所以用 τ 替换 τ_1 和 τ_2：

$$V_1 = \exp\left(-\frac{T_2}{\tau}\right) \cdot \frac{1-\exp\left(-\dfrac{T_1}{\tau}\right)}{1-\exp\left(-\dfrac{T_1}{\tau}\right)\exp\left(-\dfrac{T_2}{\tau}\right)} \cdot E$$

$$V_2 = \frac{1-\exp\left(-\dfrac{T_1}{\tau}\right)}{1-\exp\left(-\dfrac{T_1}{\tau}\right)\exp\left(-\dfrac{T_2}{\tau}\right)} \cdot E$$

代入 $T_1 = dT$，$T_2 = (1-d)T$，则

$$V_1 = \exp\left(-\frac{(1-d)T}{\tau}\right) \cdot \frac{1-\exp\left(-\dfrac{dT}{\tau}\right)}{1-\exp\left(-\dfrac{dT}{\tau}\right)\exp\left(-\dfrac{(1-d)T}{\tau}\right)} \cdot E$$

$$V_2 = \frac{1-\exp\left(-\dfrac{dT}{\tau}\right)}{1-\exp\left(-\dfrac{dT}{\tau}\right)\exp\left(-\dfrac{(1-d)T}{\tau}\right)} \cdot E$$

其中，d 是占空比。

用 $\dfrac{\tau}{T}$ 进行整理，则

$$V_1 = \exp\left(-\frac{1-d}{\dfrac{\tau}{T}}\right) \cdot \frac{1-\exp\left(-\dfrac{d}{\dfrac{\tau}{T}}\right)}{1-\exp\left(-\dfrac{d}{\dfrac{\tau}{T}}\right)\exp\left(-\dfrac{1-d}{\dfrac{\tau}{T}}\right)} \cdot E$$

$$V_2 = \frac{1-\exp\left(-\dfrac{d}{\dfrac{\tau}{T}}\right)}{1-\exp\left(-\dfrac{d}{\dfrac{\tau}{T}}\right)\exp\left(-\dfrac{1-d}{\dfrac{\tau}{T}}\right)} \cdot E$$

再除以目标输出电压 dE 以归一化：

$$V_{N1} = \frac{1}{d} \cdot \exp\left(-\frac{1-d}{\dfrac{\tau}{T}}\right) \cdot \frac{1-\exp\left(-\dfrac{d}{\dfrac{\tau}{T}}\right)}{1-\exp\left(-\dfrac{d}{\dfrac{\tau}{T}}\right)\exp\left(-\dfrac{1-d}{\dfrac{\tau}{T}}\right)}$$

$$V_{N2} = \frac{1}{d} \cdot \frac{1-\exp\left(-\dfrac{d}{\dfrac{\tau}{T}}\right)}{1-\exp\left(-\dfrac{d}{\dfrac{\tau}{T}}\right)\exp\left(-\dfrac{1-d}{\dfrac{\tau}{T}}\right)}$$

用得到的算式对应设定的 $\dfrac{\tau}{T}$，计算占空比 d 发生变化时的输出，可以得到表2.2。

表2.2　占空比对应的最大电压值V_{N2}和最小电压值V_{N1}

$\dfrac{\tau}{T}$	d								
	0.1	0.2	0.3	0.4	0.5	0.6	0.7	0.8	0.9
1000	1	1	1	1	1	1	1	1	1
	1	1	1	1	1	1	1	1	1
300	1.002	1.001	1.001	1.001	1.001	1	1	1	1
	0.999	0.999	0.999	0.999	0.999	0.999	0.999	1	1
100	1.005	1.004	1.004	1.003	1.002	1.002	1.001	1.001	1
	0.996	0.996	0.997	0.997	0.998	0.998	0.998	0.999	0.999
30	1.015	1.013	1.012	1.010	1.008	1.007	1.005	1.003	1.002
	0.985	0.987	0.988	0.990	0.992	0.993	0.995	0.997	0.998
10	1.046	1.040	1.035	1.030	1.025	1.020	1.015	1.010	1.005
	0.956	0.960	0.965	0.970	0.975	0.980	0.985	0.990	0.995
3	1.157	1.138	1.119	1.101	1.083	1.066	1.049	1.032	1.016
	0.857	0.871	0.886	0.901	0.917	0.933	0.949	0.966	0.983
1	1.505	1.434	1.367	1.304	1.245	1.190	1.138	1.089	1.043
	0.612	0.644	0.679	0.716	0.755	0.797	0.843	0.892	0.944
0.3	2.940	2.523	2.185	1.909	1.682	1.494	1.338	1.206	1.095
	0.146	0.175	0.212	0.258	0.318	0.394	0.492	0.619	0.784
0.1	6.321	4.324	3.168	2.454	1.987	1.663	1.427	1.250	1.111
	0.001	0.001	0.003	0.006	0.013	0.030	0.071	0.169	0.409

注：各行表示整流输出电压，上半行和下半行分别表示最大值V_{N1}和最小值V_{N2}。

$\dfrac{\tau}{T}=1000$，即整流电路的时间常数是开关周期的1000倍时，V_{N1}和V_{N2}在占空比的整个范围内始终是1，能够得到理想的输出。这是因为整流电路的时间常数远远大于开关周期，即$\tau >> T$的关系成立。

随着$\dfrac{\tau}{T}$变小，整流电路的时间常数对于开关周期越小，V_{N2}和V_{N1}的值相差越大，表示整流效果越差。

下面我们仿真一下表2.2中的数值。

该时间常数为10ns，开关周期为10μs，即$\dfrac{\tau}{T}=1$。

为了能直接对照表中的数值，我们设定输出电压为1V，负载电流为10mA。请分别比较图2.11和表2.3、图2.12和表2.4、图2.13和表2.5中的数值。

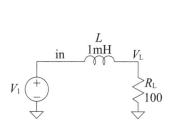

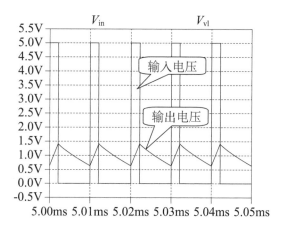

图2.11 $\dfrac{\tau}{T}=1$，占空比为0.2时的输入输出电压

表2.3 占空比为0.2时对应的最大电压值V_{N2}和最小电压值V_{N1}

$\dfrac{\tau}{T}$	d								
	0.1	0.2	0.3	0.4	0.5	0.6	0.7	0.8	0.9
1	1.505	1.434	1.367	1.304	1.245	1.190	1.138	1.089	1.043
	0.612	0.644	0.679	0.716	0.755	0.797	0.843	0.892	0.944

注：本表摘自表2.2，上半行表示最大值V_{N2}，下半行表示最小值V_{N1}。

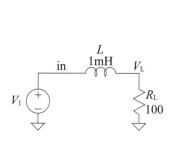

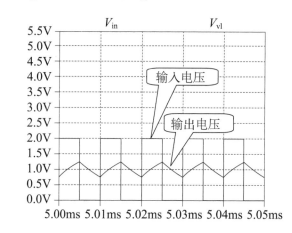

图2.12 $\dfrac{\tau}{T}=1$，占空比为0.5时的输入输出电压

表2.4 占空比为0.5时对应的最大电压值V_{N2}和最小电压值V_{N1}

$\dfrac{\tau}{T}$	d								
	0.1	0.2	0.3	0.4	0.5	0.6	0.7	0.8	0.9
1	1.505	1.434	1.367	1.304	1.245	1.190	1.138	1.089	1.043
	0.612	0.644	0.679	0.716	0.755	0.797	0.843	0.892	0.944

注：本表摘自表2.2，上半行表示最大值V_{N2}，下半行表示最小值V_{N1}。

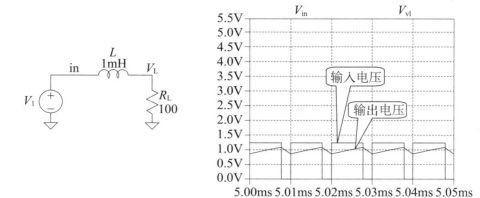

图2.13　$\dfrac{\tau}{T}=1$，占空比为0.8时的输入输出电压

表2.5　占空比为0.8时对应的最大电压值V_{N2}和最小电压值V_{N1}

$\dfrac{\tau}{T}$	d								
	0.1	0.2	0.3	0.4	0.5	0.6	0.7	0.8	0.9
1	1.505	1.434	1.367	1.304	1.245	1.190	1.138	1.089	1.043
	0.612	0.644	0.679	0.716	0.755	0.797	0.843	0.892	0.944

注：本表摘自表2.2，上半行表示最大值V_{N2}，下半行表示最小值V_{N1}。

只看表中的数值不便于直观理解，我们来看一下曲线图。图2.14中横轴表示占空比d，纵轴表示归一化的输出电压。

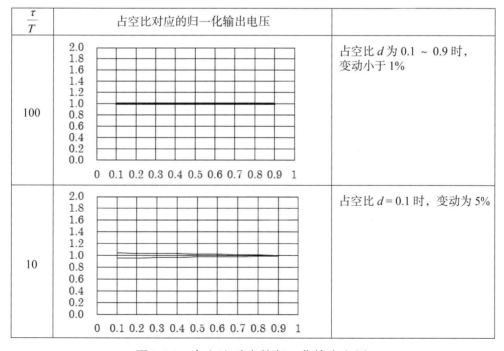

$\dfrac{\tau}{T}$	占空比对应的归一化输出电压	
100		占空比d为0.1 ~ 0.9时，变动小于1%
10		占空比$d=0.1$时，变动为5%

图2.14　占空比对应的归一化输出电压

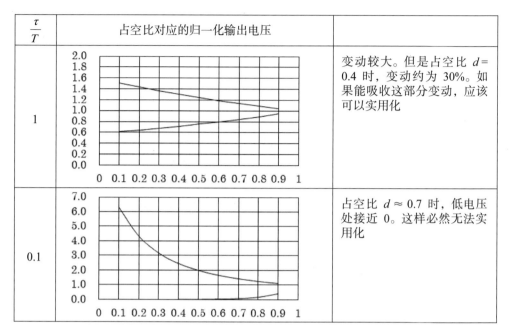

$\dfrac{\tau}{T}$	占空比对应的归一化输出电压	
1		变动较大。但是占空比 $d=$ 0.4 时，变动约为 30%。如果能吸收这部分变动，应该可以实用化
0.1		占空比 $d \approx 0.7$ 时，低电压处接近 0。这样必然无法实用化

续图2.14

从上述仿真结果和曲线图分析可知，整流电路的时间常数和开关周期的比小于1时，采用某些平均方法可以实用化。$\dfrac{\tau}{T}=1000$时需要1H的电感器，那么$\dfrac{\tau}{T}=1$时可以使用1mH的小电感器。

前文中我们讨论了整流输出的最大电压和最小电压。从电源设计角度来看，用输出的直流电压值和残留的交流部分，也就是纹波来表现更为方便。下面根据表2.6试算直流电压值和纹波。

可以通过最大电压和最小电压的中间值求直流电压值，如表2.6所示。

直接用峰值的中间值进行计算，无论$\dfrac{\tau}{T}$如何，占空比为0.5时可以得到目标电压1。

$\dfrac{\tau}{T}=3$时，若最小占空比大于0.5，则电压误差为0.001，即0.1%。

$\dfrac{\tau}{T}=1$时，若最小占空比大于0.5，则电压误差约为0.01，即1%。

由此可见，即使整流电路的时间常数τ并未远远大于开关周期T，也可以实用化。

表2.6 占空比对应的归一化输出电压 $\dfrac{V_{N1}+V_{N2}}{2}$

$\dfrac{\tau}{T}$	d								
	0.1	0.2	0.3	0.4	0.5	0.6	0.7	0.8	0.9
1000	1	1	1	1	1	1	1	1	1
300	1	1	1	1	1	1	1	1	1
100	1	1	1	1	1	1	1	1	1
30	1	1	1	1	1	1	1	1	1
10	1.001	1	1	1	1	1	1	1	1
3	1.007	1.004	1.003	1.001	1	0.999	0.999	0.999	0.999
1	1.059	1.039	1.023	1.010	1	0.994	0.990	0.990	0.993
0.3	1.543	1.349	1.198	1.084	1	0.944	0.915	0.913	0.940
0.1	3.161	2.162	1.585	1.230	1	0.847	0.749	0.709	0.760

$\dfrac{\tau}{T}<1$ 时，占空比变化对应的电压变化较大，很难保持调整率，所以时间常数 τ 的下限约等于开关周期。

我们希望用于整流的电感器尽可能小，所以使用整流电路较小的时间常数。考虑到实用情况，我们计算一下 $\dfrac{\tau}{T}$ 较小时的数据，如表2.7所示。

表2.7 占空比对应的归一化输出电压 $\dfrac{V_{N1}+V_{N2}}{2}$

$\dfrac{\tau}{T}$	d								
	0.1	0.2	0.3	0.4	0.5	0.6	0.7	0.8	0.9
10	1.001	1	1	1	1	1	1	1	1
9	1.001	1	1	1	1	1	1	1	1
8	1.001	1.001	1	1	1	1	1	1	1
7	1.001	1.001	1	1	1	1	1	1	1
6	1.002	1.001	1.001	1	1	1	1	1	1
5	1.002	1.002	1.001	1	1	1	1	1	1
4	1.004	1.002	1.001	1.001	1	1	0.999	0.999	1
3	1.007	1.004	1.003	1.001	1	0.999	0.999	0.999	0.999
2	1.015	1.010	1.006	1.002	1	0.998	0.998	0.998	0.998
1	1.059	1.039	1.023	1.010	1	0.994	0.990	0.990	0.993

将表2.7转化为曲线，如图2.15所示，横轴是占空比。

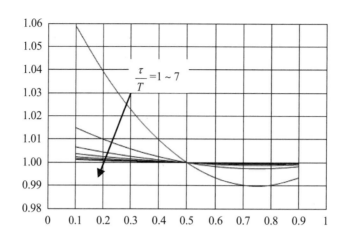

图2.15 占空比对应的归一化输出电压

从表2.7可以看出，$\frac{\tau}{T} > 5$ 时输出电压无限接近1，图2.15曲线图上的线重合，因此可省略 $\frac{\tau}{T}$ 大于8的部分。

$\frac{\tau}{T} = 1$ 时，图形明显较差，但占空比大于0.4时误差小于1%，结果并不差。视觉上 $\frac{\tau}{T} = 2$ 以上数值较好。

那么这个曲线图告诉我们什么呢。占空比与输出电压相对应，但不要忘记，我们控制占空比使其与输入电压成反比。占空比的倒数表示电源电压。也就是说，这个曲线图表示负载电流不变的情况下，输入电压对应的二次输出电压的稳定性，即线性调整率。

下面我们将横轴作为 $\frac{\tau}{T}$ 画出曲线图（图2.16）。占空比0.6和0.9，0.7和0.8分别重合。

上面的曲线图表示占空比不变，即一次电源电压不变时，输出电压怎样根据负载电流的变化而变化，也就是负载调整率。

整流时间常数 τ 是电感L除以负载电阻 R_L 的商，也就是负载电流的倒数，$\frac{\tau}{T}$ 越大，负载电流越大。$\frac{\tau}{T}$ 越小，整流特性越恶化，输出电压也会发生剧烈变化。

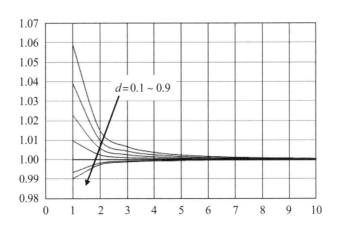

图2.16　$\dfrac{\tau}{T}$对应的归一化输出电压

由图2.16可知，要尽可能在大范围内使用占空比。一次电源电压从20V变为40V，即增加到两倍时，要设定占空比从0.8变为0.4，或从0.9变为0.45。

纹波电压可以通过最大电压和最小电压的差，也就是峰峰电压计算，如表2.8所示。

表2.8　占空比对应的归一化纹波电压$V_{N2}-V_{N1}$

$\dfrac{\tau}{T}$	d								
	0.1	0.2	0.3	0.4	0.5	0.6	0.7	0.8	0.9
10	0.090	0.080	0.070	0.060	0.050	0.040	0.030	0.020	0.010
9	0.100	0.089	0.078	0.067	0.056	0.044	0.033	0.022	0.011
8	0.112	0.100	0.087	0.075	0.062	0.050	0.037	0.025	0.012
7	0.129	0.114	0.100	0.086	0.071	0.057	0.043	0.029	0.014
6	0.150	0.133	0.117	0.100	0.083	0.067	0.050	0.033	0.017
5	0.180	0.160	0.140	0.120	0.100	0.080	0.060	0.040	0.020
4	0.225	0.200	0.175	0.150	0.125	0.100	0.075	0.050	0.025
3	0.300	0.266	0.233	0.200	0.166	0.133	0.100	0.067	0.033
2	0.449	0.399	0.348	0.299	0.249	0.199	0.149	0.100	0.050
1	0.893	0.790	0.688	0.588	0.490	0.392	0.295	0.197	0.099

将表2.8转化成曲线，如图2.17所示。

占空比越小，纹波越大。一次电源电压增大，占空比变小，纹波变得尖锐。

与输出电压相同，我们也以纹波对$\dfrac{\tau}{T}$作出曲线图，如图2.18所示。

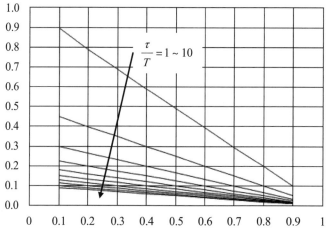

图2.17 占空比对应的归一化纹波电压

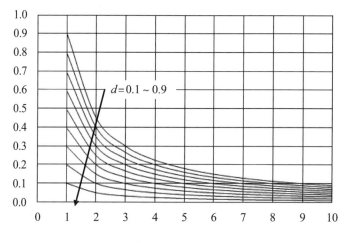

图2.18 $\dfrac{\tau}{T}$ 对应的归一化纹波电压

由图2.18可知，$\dfrac{\tau}{T}$ 越小，即负载电流越小，纹波越迅速增加。图2.18充分表现出扼流圈输入型整流电路的特征。

2.5 增加电容器

PWM DC-DC变换器必须平均化，而平均化则需要整流的充电时间常数等于放电时间常数，满足这一条件的整流电路就是扼流圈输入电路。整流电路的时间常数越大于开关周期越好，等于开关周期也可以实用化。

剩下的问题就是该怎样抑制输出纹波。当然，增大电感器、增大负载电流就可以满足条件，但是准备大电感器的难度较大，增大负载电流还需要大负载的泄漏电阻，过于耗电。

因此，为了满足平均化条件，需要采用扼流圈输入电路，但为了减少残留纹波，需要考虑与电容器组合使用。

图2.19是在输出增加电容器。

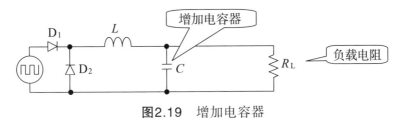

图2.19 增加电容器

我们在电容器输入的章节提到过，输入电阻部分是电感器，毫无疑问，这就是电容器输入的形式。

电感器的开关频率f的电抗X_L用下式表示：

$$X_L = 2\pi f \cdot L$$

扼流圈输入电路的时间常数为$\tau = \dfrac{L}{R_L}$，所以$L = \tau \cdot R_L$。开关频率f是开关周期的倒数，所以$f = \dfrac{1}{T}$。

将$L = \tau \cdot R_L$和$f = \dfrac{1}{T}$带入X_L的公式中，得出下式：

$$X_L = 2\pi \cdot \frac{\tau}{T} \cdot R_L$$

也就是说，相当于电容器输入的输入电阻部分的就是扼流圈，电抗X_L是负载电阻R_L的$2\pi \cdot \dfrac{\tau}{T}$倍。

例如，扼流圈输入的时间常数τ等于开关周期T时，换算为电阻约$6R_L$，相当于电容器输入的输入电阻。

电容器输入电路的充电时间常数τ_1和放电时间常数τ_2分别表示如下：

$$\tau_1 = C \cdot (R_L \| X_L) = C \cdot \cfrac{1}{\cfrac{1}{R_L} + \cfrac{1}{X_L}} = C \cdot \cfrac{R_L}{1 + \cfrac{R_L}{X_L}}$$

$$\tau_2 = C \cdot R_L$$

其中，X_L 是扼流圈的电抗。

向 τ_1 的公式中代入 $X_L = 2\pi \cdot \dfrac{\tau}{T} \cdot R_L$，则

$$\tau_1 = C \cdot \cfrac{R_L}{1 + \cfrac{R_L}{X_L}} = C \cdot \cfrac{R_L}{1 + \cfrac{R_L}{2\pi \cdot \cfrac{\tau}{T} \cdot R_L}} = C \cdot \cfrac{R_L}{1 + \cfrac{1}{2\pi \cdot \cfrac{\tau}{T}}}$$

因此，决定充电时间常数的电阻 R_c 等效于

$$R_c = \cfrac{R_L}{1 + \cfrac{1}{2\pi \cdot \cfrac{\tau}{T}}}$$

下面我们设扼流圈输入的时间常数 τ 等于开关周期 T，即 $\tau = T$，则决定充电时间常数的电阻 R_c 为

$$R_c = \cfrac{R_L}{1 + \cfrac{1}{2\pi \cdot \cfrac{\tau}{T}}} = \cfrac{R_L}{1 + \cfrac{1}{2\pi}} = 0.86 R_L$$

所以充电时间常数和放电时间常数的比为 0.86，近似于 1，达成整流目的。

$\dfrac{\tau}{T}$ 越大，确定电容器输入的充电时间常数的电阻 R_c 越接近 R_L，符合整流条件。

$\dfrac{\tau}{T}$ 越小，扼流圈输入的品质越差，电容器输入的输入电阻越小，越不利于电容器平均化工作。

要提前声明的是，电感器、电阻和电容器的组合电路中通过的是交流，所以要遵循交流逻辑解析，但本书更注重简单直观地理解，采用电感器或电容器的电抗绝对值，忽略相位，与电阻作同样处理。

我们暂且不介绍电容值的确定方法，先来看仿真的效果。

设输出为15V、100mA；开关频率为100kHz，即周期为10μs；15V、100mA输出的等效负载电阻为$\frac{15V}{100mA} = 150\Omega$；整流电路的时间常数等于开关周期；$\frac{\tau}{T} = 10\mu s$；$R_L = 150\Omega$；所需的电感器为1.5mH；电容值为3μF；在占空比为40%时做仿真。

输入电压为15V，二极管压降为0.783V，占空比40%时换算为电压值。仿真中使用的二极管压降高达0.783V，所以一次电源电压为 $E = \frac{15V + 0.783V}{0.4} = 39.458V$。

只有电感器时如图2.20所示。

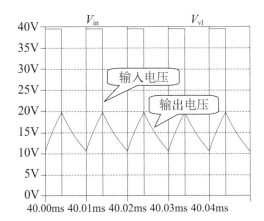

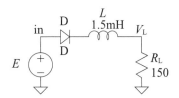

$V_{in} = 39.458V$，$d = 0.4$，无电容器

图2.20 占空比 = 0.4，无电容器时的输出电压

再次引用表2.8中$\frac{\tau}{T} = 1$的部分，如表2.9所示。

表2.9 $\frac{\tau}{T} = 1$，占空比为0.4时对应的归一化纹波电压$V_{N2}-V_{N1}$

$\frac{\tau}{T}$	d								
	0.1	0.2	0.3	0.4	0.5	0.6	0.7	0.8	0.9
1	0.893	0.790	0.688	0.588	0.490	0.392	0.295	0.197	0.099

注：本表摘自表2.8。

用占空比0.4时的纹波、$V_{N2}-V_{N1}$的值计算出的振幅值$V_{pp} = 0.588 \times 15V = 8.82V$，与仿真结果一致。

如图2.21所示，尝试为输出插入3μF的电容器。

由图2.21可知，纹波得到抑制，获得稳定的15V目标直流电压。

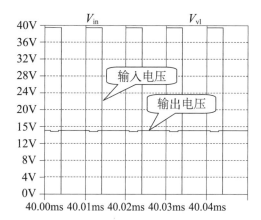

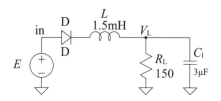

V_{in} = 39.458V，d = 0.4，增加电容器

图2.21 占空比 = 0.4，增加电容器时的输出电压

所需的电容器容量确定步骤如下：

（1）确定扼流圈输入的时间常数。

（2）计算最小占空比时的纹波值，通过整流电路的时间常数和开关周期计算出的表格来计算。

（3）确定纹波要求值。

（4）纹波要求值除以最小占空比时的纹波值，再乘以负载电阻，计算出交流对应的负载电阻值。

（5）确定电容器容量，将电容器的开关频率的电抗作为交流负载值。

这种思考方式的前提是将纹波部分视为电流驱动，负载电阻上产生与电流成正比的电压。所以从相同交流电流源角度看来，抑制目标纹波值相当于降低等效负载电阻。严格地说，交流应该考虑到相位问题，但我们暂且选择简单的方法。

以前文中的仿真为例，负载输出为15V、100mA，最小占空比为0.4，开关频率为100kHz，扼流圈输入的时间常数等于开关周期$\left(\dfrac{\tau}{T}=1\right)$，等效负载电阻为150Ω，所需电感器为1.5mH，计算最小占空比为0.4时的纹波值。由表2.9可知，$\dfrac{\tau}{T}=1$，$d=0.4$时，$V_{N2}-V_{N1}$为0.588。这是归一化数值，乘以输出电压，可得到纹波的双振幅值为$0.588\times15V=8.82V$。

设纹波要求的双振幅值为50mV，等效负载电阻为150Ω时交流对应的负载电阻值为$150\Omega\times\dfrac{50mV}{8.82V}=0.850\Omega$，则所需的电容器容量计算如下：

$$C = \frac{1}{2 \cdot \pi \cdot f \cdot X_{\mathrm{c}}} = \frac{1}{2 \cdot \pi \cdot 100\mathrm{kHz} \cdot 0.850\Omega} = 1.87\mu\mathrm{F}$$

电容器容量出乎意外的小。

下面进行仿真，如图2.22所示。

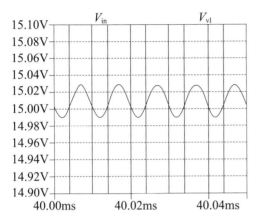

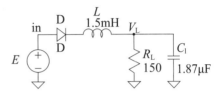

$V_{\mathrm{in}} = 39.458\mathrm{V}$，$d = 0.4$，增加电容器

图2.22　增加电容器时的输出纹波电压

通过整流电路的时间常数和开关周期计算出的纹波是尖锐波形的峰峰值。加入电容器平均后，交流的高频成分消失，接近于正弦波，值小于表中的峰峰值，但与期望值一致。

电源的二次侧一般为较大的电容器，也许有人会担心这么小的电容器是否好用，实际上是够用的。

这里，我们将电容器用于抑制纹波，而实际上电容器的作用很大。

变压器输出的是脉冲状交流。电流路径在哪里呢？如图2.23所示，扼流圈输入电路是二极管、电感器和负载串联。此路径作为直流路径的同时也是交流路径。也就是说，切换后的交流电流会通过负载。实际上很多负载是多种电路的集合体，我们并不清楚电源交流部分通过的方式和位置，到处都有交流电流。

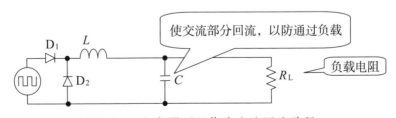

图2.23　电容器可以作为交流回流路径

在扼流圈输入电路的输出加入电容器就打造了交流路径。从变压器流出的交

流通过电感器后，通过电抗较小的电容器，回流到变压器中，这样交流就不会流入负载。

2.6 浪涌的吸收

PWM的整流必须有扼流圈输入，但是扼流圈输入在负载电流剧烈变动时会发生电压变动。

负载减少时，等效负载电阻增大，系统时间常数减小，过电压持续时间较短，会产生损耗，虽然不会产生计算出的大电压，但的确会产生高压，还是需要应对措施。

如图2.24所示，可以用电容器吸收电感器产生的浪涌电压。电容器以电荷的形式吸收电感器的电流能量，或电容器将储存的电荷提供给负载。

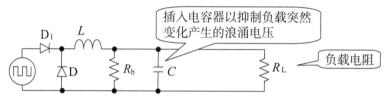

图2.24 用于吸收浪涌电压的电容器

电感为L的电感器中通过电流I时，电感器中的能量为$e_L = \dfrac{1}{2} \cdot LI^2$。

电容为C的电容器上施加电压V时，电容器中的能量$e_C = \dfrac{1}{2} \cdot CV^2$。

电感器中的电流从I_1降至I_2时，电感器释放的能量用前后能量的差表示如下：

$$\Delta e_L = \frac{1}{2} \cdot LI_1^2 - \frac{1}{2} \cdot LI_2^2 = \frac{1}{2} \cdot L\left(I_1^2 - I_2^2\right)$$

同理，假设电容器吸收能量，电压从V_1变化至V_2，则电容器吸收的能量也用前后的差表示如下：

$$\Delta e_C = \frac{1}{2} \cdot CV_2^2 - \frac{1}{2} \cdot CV_1^2 = \frac{1}{2} \cdot C\left(V_2^2 - V_1^2\right)$$

电感器释放的能量等于电容器吸收的能量，所以

$$\frac{1}{2} \cdot L\left(I_1{}^2 - I_2{}^2\right) = \frac{1}{2} \cdot C\left(V_2{}^2 - V_1{}^2\right)$$

下面计算所需的电容值：

$$C = L \cdot \frac{I_1{}^2 - I_2{}^2}{V_2{}^2 - V_1{}^2}$$

设输出电压为10V，常态下负载电流为100mA，电感器为2mH。我们想要在负载降至10mA时将负载端的电压控制在12V以下。也就是说，将电压增量控制在2V时，所需的电容器容量为

$$C = 2\text{mH} \times \frac{100^2\,\text{mA} - 10^2\,\text{mA}}{12^2\,\text{V} - 10^2\,\text{V}} = 0.002\text{H} \times \frac{0.1^2\text{A} - 0.01^2\text{A}}{12^2\,\text{V} - 10^2\,\text{V}} = 0.45\mu\text{F}$$

将电压增量控制在0.5V时，所需的电容器容量为

$$C = 2\text{mH} \times \frac{100^2\,\text{mA} - 10^2\,\text{mA}}{10.5^2\,\text{V} - 10^2\,\text{V}} = 0.002\text{H} \times \frac{0.1^2\text{A} - 0.01^2\text{A}}{10.5^2\,\text{V} - 10^2\,\text{V}} = 1.93\mu\text{F}$$

所以只需准备2μF的电容器即可。

如果用于整流的电容值大于上面的数值，则无需增加电容，但如果小于上面的数值则需要增加电容值。

电感器中的电量可以抑制浪涌，所以无需使用过大的电感器。电容值越大，对抑制纹波和吸收瞬态电压越有利，但电源上电和下电时电容器与电感器谐振引起的振荡电流会持续很长时间，令瞬态特性恶化，因此必须采用所需的最低限值。所以整流电路使用的电感器和电容器只要满足电压变动、纹波和浪涌条件即可，值不可过大。

负载电流的变动范围越小，浪涌越小，所以要减小泄放电阻，增大最小电流。无限增大电流虽然能减少电流变动，但会增加损耗，所以要维持在保证整流品质的范围之内。斟酌泄放电流正是PWM电源设计的乐趣所在。

2.7 整流电路的设计

整流电路的设计步骤如下：

（1）设定使用的占空比d的范围。

（2）根据表2.7计算使用的占空比范围内，电压变动在期望范围内时的$\frac{\tau}{T}$值。

（3）通过开关周期计算整流电路的时间常数τ（关于开关周期，我们会在后续章节介绍，在此请作为已知条件考虑）。

（4）通过负载的等效电阻值和整流电路的时间常数τ计算所需的电感L。

（5）根据表2.8计算最小负载时的纹波振幅。

（6）设定纹波的目标振幅值。

（7）使用纹波目标值和纹波振幅值的比，根据负载电阻计算并联插入的电容器的电抗。

（8）通过开关频率计算电容值。

（9）决定负载减少时的容许电压。

（10）计算吸收浪涌电压所需的电容器容量。

（11）检查是否能够实现。

（12）如果需要的话，可以重新设定$\frac{\tau}{T}$或修改泄放电流，重复步骤（3）~（11）。

下面根据示例逐步推进。

（1）设定占空比的范围。设一次电源电压范围为20~40V，一次电源电压的变化为2倍，如果最低电压20V时的占空比为0.8，那么最高电压40V时的占空比为0.4，占空比的范围是0.4~0.8。

（2）设定$\frac{\tau}{T}$。设电压变动至少为1%以下，如表2.10所示，$\frac{\tau}{T}=1$，占空比为0.4时变动为1.010，即1%；$\frac{\tau}{T}=2$，占空比在0.4~0.8的范围内有0.2%的误差，所以取大值，$\frac{\tau}{T}=2$。

表2.10　占空比对应的归一化输出电压$\frac{V_{N1}+V_{N2}}{2}$

$\frac{\tau}{T}$	d								
	0.1	0.2	0.3	0.4	0.5	0.6	0.7	0.8	0.9
2	1.015	1.010	1.006	1.002	1	0.998	0.998	0.998	0.998
1	1.059	1.039	1.023	1.010	1	0.994	0.990	0.990	0.993

注：本表摘自表2.7。

（3）确定时间常数τ。设变换器的开关频率为100kHz，开关周期T为10μs，则$\tau = T \times \dfrac{\tau}{T} = 10\text{μs} \times 2 = 20\text{μs}$。

（4）确定电感L。设所需的输出为直流10V，负载电流为10～100mA。因为负载电流的变化高达10倍，所以如图2.25所示，为电源准备了泄放电阻，使10mA的电流通过泄放电阻。泄放电阻为

$$R_b = \frac{10\text{V}}{10\text{mA}} = 1\text{k}\Omega$$

负载最小时，加上泄放电阻，负载总共20mA，等效负载电阻为

$$R_{eq} = \frac{10\text{V}}{20\text{mA}} = 500\Omega$$

因此所需的电感为

$$L = \tau \times R_{eq} = 10\text{μs} \times 500\Omega = 5\text{mH}$$

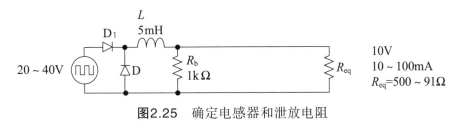

图2.25　确定电感器和泄放电阻

（5）计算纹波振幅$\left(设 \dfrac{\tau}{T} = 2\right)$。从表2.11可知，占空比为0.4时归一化纹波电压为0.299，换算为电压值是0.299 × 10V = 2.99V。

表2.11　占空比对应的归一化纹波电压V_{N2}-V_{N1}

	d								
	0.1	0.2	0.3	0.4	0.5	0.6	0.7	0.8	0.9
2	0.449	0.399	0.348	0.299	0.249	0.199	0.149	0.100	0.050

注：本表摘自表2.8。

（6）设定纹波的目标振幅值。设双振幅为10mV。

（7）确定电容器的电抗。纹波的振幅值为2.99V，目标值是10mV，因此负载的电抗为

$$X_c = \frac{10\text{mV}}{2.99\text{V}} \times 500\Omega = 1.67\Omega$$

（8）确定电容值。如图2.26所示，开关频率f为100kHz，所需的电抗X_c为1.67Ω，因此电容值为

$$C = \frac{1}{2\pi f X_c} = \frac{1}{2 \times 3.14 \times 100\,\text{kHz} \times 1.67\,\Omega} = 953 \times 10^{-9}\,\text{F} \to 1\mu\text{F}$$

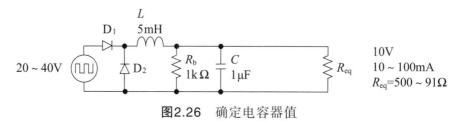

图2.26 确定电容器值

（9）设定负载减少时的容许电压。负载电流从100mA降至10mA时，控制电压上升1V，即11V。

（10）计算吸收浪涌电压所需的电容器容量。如图2.27所示，负载电流100mA时，电感器的电流为110mA；负载电流10mA时，电感器的电流为20mA，所以负载变动90mA。因此，吸收浪涌电压所需的电容器容量为

$$C = L \cdot \frac{I_1^2 - I_2^2}{V_2^2 - V_1^2} = 5\,\text{mH} \times \frac{110^2\,\text{mA} - 20^2\,\text{mA}}{11^2\,\text{V} - 10^2\,\text{V}}$$
$$= 2.78\mu\text{F} \to 2.7\mu\text{F}\,(\text{E12系列})$$

通常整流电路中的电容值很大，所以它远大于之前计算的抑制纹波的值并不意外。

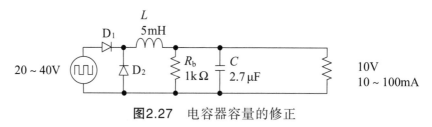

图2.27 电容器容量的修正

（11）检查是否能够实现。如图2.28所示，在输出点增加用于高频的陶瓷电容器，实用性上似乎没有问题，就此结束。

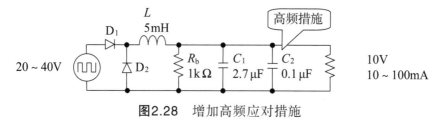

图2.28 增加高频应对措施

电感器高达5mH,降低泄放电阻,增加暗电流,可以降低电感值,但电源效率也会相应下降。

设计步骤到此为止,实际设计以实物为准。请用实物得出的数据判断是否符合设计值。也要严格检查纹波。我们采用近似值,所以无法与实物完全一致,请尽量用接近的数值进行检查。不能因纹波小就忘乎所以。数值不一致就说明设计有误。

2.8 复 习

下面复习一下整流的内容:

(1)PWM电源是电量平均化的关键。

(2)平均化需要整流电路的充电和放电时间常数相等。

(3)充电和放电时间常数不相等会使线性调整率恶化。

(4)满足充电和放电时间常数相等的整流电路是扼流圈输入电路。

(5)负载过轻会导致纹波特性和负载调整率恶化。

(6)负载电流为0则整流不成立。

(7)充放电时间常数大于等于开关周期则可以实用化。

(8)以扼流圈输入为前提的电容器输入可以实用化。

(9)电容器可作为切换时交流的旁路。

(10)用电容器吸收负载变动时的浪涌电压。

第3章
二次侧

PWM DC-DC变换器的二次侧基本电路结构如图3.1所示。

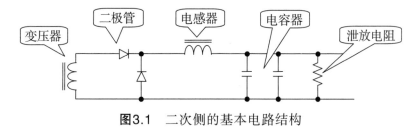

图3.1　二次侧的基本电路结构

3.1 整流电路

电感器、电容器和泄放电阻是整流电路的组成要素。严格地说，负载也是整流电路的一部分。也就是说，大部分二次侧都是整流电路器件，它们的要素值取决于负载。详细内容请参考第2章，这里只列出基本设计步骤：

（1）分析负载电流的变动范围，确定泄放电阻值。

（2）根据最小负载电流确定电感值。

（3）根据纹波要求确定电容值。

（4）根据负载变动产生的浪涌电压调整电容值。

3.1.1 电感器

确定所需的电感值后，可以根据数值购买合适的电感器，也可以向制造商定制，但是要注意以下几点。

1. 频率特性

很多制造商都在生产用作PWM电源的电感器，我们可以从中选择适合的产品。目前多见用于高开关频率——约100kHz的产品或大电流下使用的产品，大电感的产品很少见。所以应以容易买到为前提选择开关频率或开关器件，也就是说，需要设定泄放电阻。

在阅读电感器的数据表时要注意测频。电感会根据测频而变化。要注意，如果频率无法延伸到高频，不仅无法得到所需的电感，还会增加磁芯的损耗，降低效率，引起电感器发热等，因此要选择能够覆盖开关频率的测频。

下面以田村制作所的产品为例进行介绍，如图3.2所示。

请注意图3.2中的注释（1），电感测量条件为200kHz，所以即使开关频率为200kHz，也能够得到目标电感值。

严格地说，需要通过正弦波测量电感。PWM电源采用的是方波，含更高的频率成分，如果有高于开关频率的频率下测量的数据就再好不过了。有高于开关频率10倍左右的高频数据比较放心。

定制时明确方波和开关频率，制造商也就会在考虑频率特性的前提下进行生产。

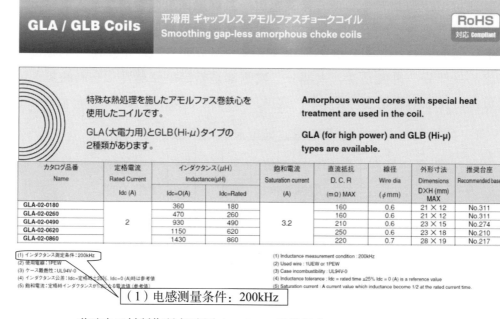

节选自田村制作所 扼流圈 GLA/GLB 的数据表

图3.2　频率和电感

　　电感的测频对电感器的选择十分重要，但是很多电感器都像图3.2示例中的数据表一样，标注并不醒目。同时数据表的开头写有"使用高频特性良好的××磁芯"等。所谓的高频究竟是多少，就看标注者的理解了。更何况不同的磁芯材料的频率范围不同，而所有数据表却都标有"使用高频特性良好的××磁芯"。使用者就容易猜想"高频"是适合自己的使用频率。只看商品说明开头的文字选中的产品，未必适合自己的设计频率，务必注意不要凭空想象。

【专栏】　PWM波形的傅里叶级数展开

　　图3.3含基波整数倍的谐波，而且谐波的振幅随方波的幅度变化。用频谱分析仪观察PWM的输出的同时改变占空比，可以看出其中的关系。

$$23.17 \quad f(x) = \begin{cases} 0 & 0 < x < \pi - \alpha \\ 1 & \pi - \alpha < x < \pi + \alpha \\ 0 & \pi + \alpha < x < 2\pi \end{cases}$$

$$\frac{\alpha}{\pi} - \frac{2}{\pi}\left(\frac{\sin\alpha\cos x}{1} - \frac{\sin 2\alpha\cos 2x}{2} + \frac{\sin 3\alpha\cos 3x}{3} - \cdots \right)$$

图 23-11

Mathematical Handbook 麦格劳希尔 第一版 1984/09/01

图3.3　PWM波形的傅里叶级数展开

2. 直流电流

电感器有直流叠加的问题。直流叠加会导致磁通偏移，偏移量等于直流量，会减少交流部分有效工作的磁通，即电感减少。如果直流饱和，电感器就无法发挥应有的作用，只能成为单纯的导线。因此我们需要直流叠加时的数据。

下面以田村制作所的产品为例，请看图3.4。

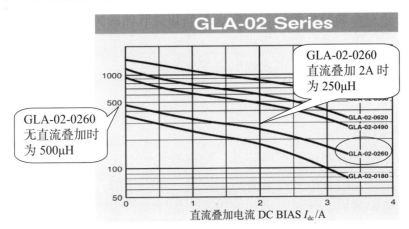

节选自田村制作所 扼流圈 GLA/GLB 的数据表

图3.4　直流叠加和电感

从图3.4可知，电感随叠加的直流电流的增加而减少。GLA-02的额定电流为2A，例如GLA-02-0260，如果无直流叠加，则电感接近500μH，但如果直流叠加2A，则电感只有它的一半，约250μH。直流叠加时一定要在数据表中确认电感值。

在正常使用中直流电流不会饱和，但流入负载的浪涌电流有可能引起饱和。如果能够预估浪涌电流，为安全起见，就要选择在浪涌电流下也能维持电感不变的电感器。电容器会增加浪涌电流，所以一定要了解插入电源系统的最小电容值，不可大于最小值。

在定制电感器时，请与制造商探讨浪涌电流的问题。

3. 磁芯材料

电感的频率特性和直流叠加耐受性等取决于磁芯材料的性质。不同磁芯材料的特性也不同，一定要详细阅读制造商的数据表。定制的同时向制造商指定浪涌耐受性，对方就会根据需要选择合适的磁芯材料。如果能接受质量略大，也可以选择偏大的磁芯，但这样称不上优秀设计。

电感器有漏磁现象。漏磁会影响其他电感器或电路元件。近年来，用于电源的电感器除大型产品以外大多采用环形磁芯（螺旋磁芯），除敏感度极高的精密电路以外，在实用上几乎无需考虑漏磁问题。

4. 直流电阻

电感器中的直流电阻能够使负载调整率恶化。有铜线圈就有直流电阻。用于低电流的电感器需要较高的电感，所以大量缠绕的细电线必然形成较大的电阻。如果不需要大电阻，就只能缠绕粗线。计算电压降，根据负载调整率的控制程度决定电感器。所以也需要考虑泄放电阻带来的暗电流，尽可能将电感器控制在最小值。

3.1.2　电容器

选择电容器时需要注意频率特性、温度特性和耐压等。我们在这里简单介绍电容器特性，详细内容请参考电容器制造商的技术说明。电容器制造商的网站上有电容器的基础知识、选择方法和使用方法等详细说明。

1. 电容器的种类

电容器的容量用下式表示：

$$C = \varepsilon_r \cdot \varepsilon_0 \cdot \frac{S}{d}$$

其中，ε_r 是介电常数，由物质的性质决定；ε_0 是真空电容率，值为 8.854187×10^{-12} F/m；S 是极板面积；d 是极板间距。

由上式可知，要获得大容量，要么使用介电常数大的物质，要么增加极板面积或者缩小极板间距。

整流一般需要约 $10\mu F$ 的较大容量电容器，小型电解电容器就可以轻松满足要求。电解电容器分为铝制和钽制，在阳极表面通过刻蚀形成氧化膜，铝和钽的氧化膜极薄，且耐高压。通过刻蚀可以增大极板面积 S，通过氧化膜的性质可以减小极板间距 d，因此能够轻松获得大容量。

铝电解电容器的阳极和阴极都使用铝，在阳极表面形成氧化铝（Al_2O_3）膜。依次叠加并卷起电解纸、阴极、电解纸，注入电解液。铝价格便宜，加工简单，在需要低价格大容量的时候可以使用。从温度特性和时效特性的角度来看则是钽电解电容器更优秀。

钽电解电容器的阳极使用钽，阴极使用氧化锰（MnO_2）。阳极表面形成氧化钽（Ta_2O_5）膜。在大温度范围内表现出稳定的特性，因此不仅用于对稳定性要求较高的航天设备等，还用于手机等普通设备。

如图3.5所示，我们从松尾电机的资料中节选出温度特性的内容。

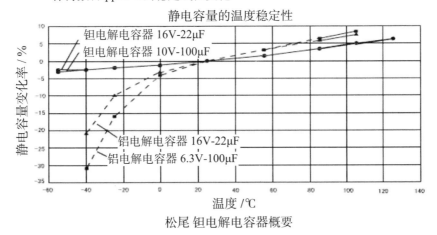

图3.5 钽电解电容器的温度特性

从图3.5可以看出，不同温度下，钽的变化比铝更小、更优秀。

铝电解电容器和钽电解电容器都利用电解原理，用电解液和极板上的电压维持氧化膜，所以电压的方向不变。正因为有极性，所以施加反向电压时可能会导致绝缘损坏并短路，也有因热损耗而引起爆炸的情况。

同时也要注意，虽然有极性，也并非施加反向偏置就会立即损坏电容器。如果接错极性，实验时因施加反向电压而损坏反而是好事。如果没有发生故障，反而会以次品状态交货。设备可能会在使用中突然断电，引起事故。制作时一定要注意正确连接极性。

近年来，大容量陶瓷电容器越来越常见。电介质为氧化钛酸钡。钛酸钡的极板表面镀上电极后就是单位电容器，将这些单位电容器重叠并联起来就可以得到大容量。陶瓷是用陶土烧制而成的，通过考究的制造方法可以轻松制作出轻薄多层的电容器，所以用于整流的数μF的大容量电容器也出现在市面上。它的高频特性良好，能够有效吸收高频开关电源带来的含高频成分的尖峰噪声。但是陶瓷电容器容易因压电效应而产生振动并发出声音，当振动频率落入人耳听觉范围内（20Hz～20kHz）时，就会产生噪声，即所谓的"啸叫"，需要注意。

2. 频率特性

整流电路中通常使用电解电容器，普通设备使用铝电解电容器，对环境要求严格的设备使用钽电解电容器。

电解电容器的特征是小型、大容量，但遗憾的是高频特性较差，极限值约为1MHz，如图3.6所示。

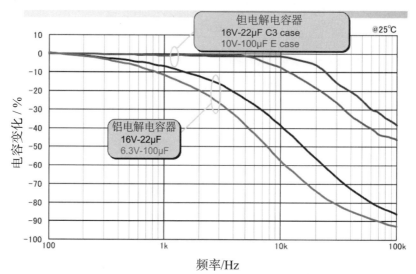

Matsuo　Technical Information T-010-006

图3.6　电解电容器的频率特性

钽比铝更好，但在100kHz下只有标称容量的一半左右。虽然开关电源的频率越高，所需电感器越小，但反过来从电容器的角度来看，无法得到所需的容量。

电解电容器的高频特性较差，所以整流电路中只插入电解电容器无法降低电源输出的高频阻抗。如图3.7所示，我们并联高频特性较好的小容量电容器，加入约0.1μF的陶瓷电容器，有助于改善瞬态的响应特性。

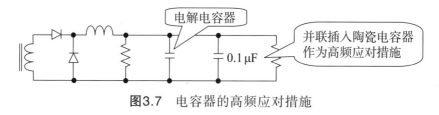

图3.7　电容器的高频应对措施

3. 耐　压

耐压的设计并非想象那样简单。在标称耐压下使用不会有问题，可是降额使用时，耐压会陡然降低。降额指的是为了增加可靠性，也就是为了降低故障率，只在额定值的某个百分比范围内使用。电容器的场合一般需要对电压进行降额。电容器的降额因数较大，所以在设计电源时需要多加斟酌。

MIL-STD-975M Appendix A电容器的降额因数如图3.8所示。

类型	军用型	降额因数	型号	最高环境温度
陶瓷电容器	CCR	0.60	MIL-C-20	110 ℃
	CKS	0.60	MIL-C-123	110 ℃
	CKR	0.60	MIL-C-39014	110 ℃
	CDR	0.60	MIL-C-55681	110 ℃
钽电解电容器	CLR79	0.60	MIL-C-39006/22	70 ℃
		0.40		110 ℃
	CLR81	0.60	MIL-C-39006/25	70 ℃
		0.40		110 ℃
固体钽电容器	CSR	0.50	MIL-C-39003/1,2	70 ℃
		0.30		110 ℃
	CSS	0.50	MIL-C-39003/10	70 ℃
		0.30		110 ℃
	CWR	0.50	MIL-C-55365	70 ℃
		0.30		110 ℃

图3.8 电容器的降额因数

如图3.9所示，钽电容器在70℃和110℃下显示两种数值，表示从70℃到110℃线性改变降额因数。

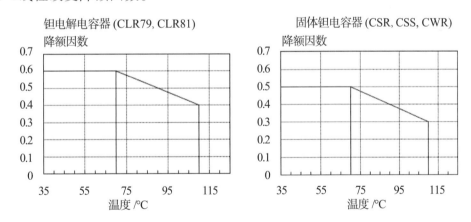

图3.9 钽电容器的降额因数

降额因数在常温25℃下也高达0.6或0.5。

假设设备的安装部分温度最高为55℃，如果设备温升为20℃，则元件温度为75℃。使用钽电容器时要低于最大降额0.6或0.5。其中还会涉及热量设计，由此可知设计的难度之大。

4. 故障应对措施

电容器的结构是电极间夹着含绝缘体的电解质薄片，故障几乎都是短路模式。短路故障意味着突然出现的大电流会带来损伤，因此为了防止短路，需要在电源的HOT和RETURN之间插入电容器。

如图3.10所示，串联的合成电容是独立连接的一半，所以需要的容量是之前的2倍。教材上说合成后的耐压变为2倍，要防止短路，就必须能够耐受主体所需的电压。

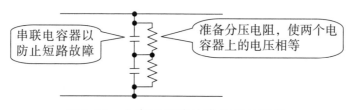

串联电容器以防止短路故障　准备分压电阻，使两个电容器上的电压相等

图3.10　电容器短路故障的应对措施

为电容器准备分压电阻，可以使各个电容器上的电压相等。分压电阻约需100kΩ。使用电解电容器时必须有分压电阻，使用陶瓷电容器时可以不必使用分压电阻。

假设一个电容器发生短路故障，这时电容器的容量变为2倍，我们必须保证在此状态下电路仍然能够稳定工作，这一点容易被忽视。

如果为一次侧准备好过电流保护电路，就可以防止外部的伤害，也就不必在二次侧串联电容器了。

5. 配　置

设开关频率为100kHz，电容器容量为10μF，则100kHz下电容器的电抗为

$$X_c = \frac{1}{2 \times \pi \times 100\text{kHz} \times 10\mu\text{F}} = 0.16\Omega$$

电抗值较小，所以开关的交流部分几乎都会通过电容器回流。

为了使变压器、二极管、电感器、电容器和变压器高频的循环回路尽可能小，而且配线的电阻和电感远远小于电抗，需要对配置和配线进行周密的考量。

6. 其　他

还有其他电容器问题需要考虑，电解电容器充放电的频率过高会影响其寿命，一定要阅读电容器制造商发布的技术资料。

3.1.3 泄放电阻

泄放电阻的作用只在于消耗分流的电流。从原理上说，电阻是将电流能量转换为热量的原件，使功率降额。

MIL-STD-975M Appendix A的电阻的降额因数如图3.11和图3.12所示，在此仅节选相关部分。

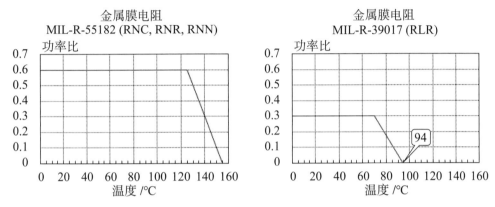

图3.11　金属膜电阻的降额因数

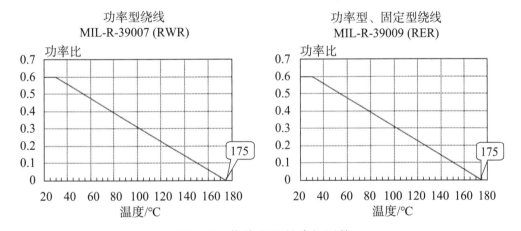

图3.12　绕线电阻的降额因数

绕线电阻从常温到高温要增大降额。如果电阻温度为100℃，则最大只能使用30%。不止高可靠性用途，通常使用绕线电阻时也要在降额的同时考虑散热措施。真空中使用的航天设备无法依赖于空气冷却，只能采取导热的散热方式，要确保导热通道。

3.2　二极管电路

二极管的作用是将变压器输出的方向交替变换的交流转换为单一方向的脉冲直流，并确保直流通过。

【专栏】　二极管不整流

> 某些书上说二极管会将交流变为直流，所以是整流电路。从交流变为直流需要电能储存功能，而二极管并不具备这种功能。因此二极管电路不能被称为整流电路，至少从整流的定义——交流变为直流这一角度上说是错误的。电感器和电容器才具备整流功能。

3.2.1　二极管电路

二极管电路分为半波整流、全波整流、桥式三种。

开关电路由一个开关器件组成的情况下，仅在开关器件导通时电路导通即可，所以半波整流电路就满足需要。

在图3.13所示的半波整流二极管电路中，D_1就是所谓的整流二极管。该图是正电压的情况，需要负电压时要将二极管的极性反转。

D_2是续流二极管。变压器输出为负时，D_1关断，防止负电压叠加在输出中，通过变压器的回流通道也被阻断，此时D_2能够确保回流路径。在介绍整流原理时我们提到过，没有回流，整流就不成立，所以二极管D_2十分关键。

需要正负输出时要安装两个绕组，分别连接二极管。

图3.13　半波整流二极管电路

此电路需要注意正确连接绕组的极性，反接则无法得到输出。如果一次侧是推挽，则不必担心，但推挽使用半波整流比较浪费，应使用图3.14所示的全波整流电路。

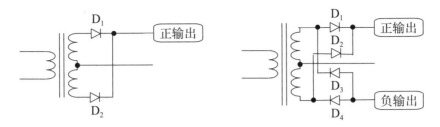

图3.14 全波整流二极管电路

开关电路如果是推挽，则使用全波整流二极管电路，二极管能够实现整流和回流两个功能。我们将一次侧是推挽作为前提，所以不必纠结绕组的极性，按照图3.14右图设置即可得到正负两种输出。

图3.15为桥式二极管电路，正循环和负循环都使用同一个变压器绕组，提高了绕组的利用率，而且磁芯上不会产生直流成分，但会增加二极管的数量，又会引发成倍的压降，所以并不推荐。

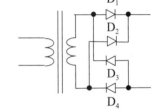

图3.15 桥式二极管电路

3.2.2 二极管

1. 正向特性

二极管含有正向压降，目标输入电压加上正向压降才是整流电路的输出值，如果直接使用数据表上的压降值进行设计则会弄巧成拙。

如图3.16所示，二极管正向电压与电流具有指数函数特性，此处引用二极管1N5811的数据表。

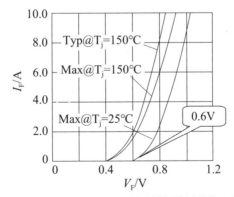

Rectifier, up to 150V,6A,30ns 1N5807,5809,5811 7-Jan-1998 SEMTECH

图3.16 二极管的正向特性

实际设计时采用图3.17中的近似线性模型，基本可以顺利完成。

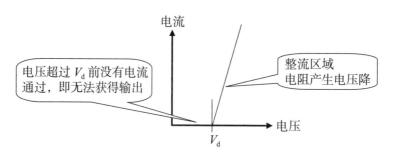

图3.17 二极管正向特性的近似线性模型

电压超过V_d前没有电流通过。此电压通常使用硅整流二极管的0.5 ~ 0.7V，常见0.6V。斜线部分表示电阻产生的压降。图3.18将二极管表示为直流电源和电阻的串联等效电路。

图3.18 二极管正向特性的近似模型

二极管的数据表中列举了正向压降的值，此数据中包含测量条件的电流值，我们用此数据推算二极管的正向模型。

设二极管的正向电流为I_f，此时二极管的正向压降为V_f，则

$$V_f = V_d + I_f \cdot R_d$$

接下来计算二极管的内阻R_d：

$$R_d = \frac{V_f - V_d}{I_f}$$

将二极管数据表中的数值代入上式即可计算出内阻R_d值。

引用二极管1N5811的数据表，如图3.19所示，设V_d为0.6V，根据测试条件$I_f = 4.0A$，正向电压为0.875V，可以求出内阻

$$R_d = \frac{V_f - V_d}{I_f} = \frac{0.875V - 0.6V}{4.0A} = 0.069\Omega$$

二极管模型为$V_f = 0.6V + I_f \cdot 0.069\Omega$。

将使用时的电流值带入I_f即可计算出实际使用时的正向压降。

此示例中，假设电流为1A，电阻产生的压降也只有69mV而已。实例中的1N5811的开关速度和电阻值都很小，正如人们评价的一样，易于使用。

电气特性（@25℃，除非另有说明）

	符号	1N5807	1N5809	1N5811	单位
正向压降最大值 @ $I_\mathrm{F} = 4.0\mathrm{A}$, $T_\mathrm{j} = 25℃$	V_F	←	0.875	→	V

Rectifier, up to 150V,6A,30ns 1N5807,5809,5811 7-Jan-1998 SEMTECH

图3.19 1N5811的正向压降

我们再来看一看体型略大的台式二极管1N1204A，如图3.20所示，正向压降为1.2V，如果直接使用在小电流处，电压会剧烈变动。我们尝试用算式计算模型：

$$V_\mathrm{f} = 0.6\mathrm{V} + I_\mathrm{f} \times 0.02\Omega$$

此二极管在5A下使用时，正向压降只有0.7V。1.2V是电流为30A时的压降。大型二极管的测量电流值较大，所以数据表中的正向压降值也较大，因此使用数据表中的大电流还好，如果在轻负载上直接使用则会为设计带来麻烦。

Electrical Characteristics

Average forward current	IF(AV) 12 Amps	TC = 170°C, half sine wave, RθJC = 2.5°C/W	
Maximum surge current	IFSM 250 Amps	8.3ms, half sine, TJ = 200°C	
Max I²t for fusing	I²t 260 A²s		
Max peak forward voltage	VFM 1.2 Volts	IFM = 30A; TJ = 25°C *	

Silicon Power Rectifier S/R204 Series 24-Jul-2003 rev.2 Microsemi

图3.20 1N1204A的正向压降

与输入电压成反比的占空比会被二极管的正向压降改变，这是因为线性考虑时包含了相当于电池的常数项。含常数项则相当于充电时间常数不等于放电时间常数，使线性调整率恶化。

当然，电压越高，正向压降越不易造成影响，但是输出电压变低则会产生不良影响。我们在电压检测电路的章节中会详细讲解。

如果想去除硅二极管的正向压降，也可以使用FET。电路设计略显复杂，但可以避免相当于0.6V的偏置部分的下降。但FET中也有电阻，也会产生与电流成比例的压降。

2. 反向耐压

直接设反向耐压大于最大变压器输出电压的2倍。至少在全波整流方式中，关断的二极管上的电压是变压器输出的两个绕组电压的2倍。使用方法不同，二极管的反向电压最大值也不同，始终将其值视作2倍比较方便。

需要注意的是，PWM方式电压较高。

假设你想要获得15V的输出，如果二极管压降为0.6V，为了在占空比为100%时得到15.6V，则占空比为40%时变压器输出电压为$\frac{15.6V}{0.4}=39V$，变压器输出竟然高于输出电压的2倍。因此反向耐压器件必须是它的2倍，即不小于78V。采用降额时则需要反向耐压更高的器件。

我们来看之前的示例1N5811，如图3.21所示。

电气特性（@25℃，除非另有说明）

	符号	1N5807	1N5809	1N5811
反向工作电压	V_{RWM}	50	100	150
反向重复电压	V_{RRM}	50	100	150

Rectifier, up to 150V,6A,30ns 1N5807,5809,5811 7-Jan-1998 SEMTECH

图3.21　1N5811的反向耐压

数据表上是150V，所以反向电压为78V的话没有问题。如果采用电压降额，降额为80%时低至120V，则输出电压23V、占空比40%时为临界值，令人担心。

PWM方式支持较大的一次电源电压范围。要注意变压器输出电压会随一次电源电压的可变范围成比例增加。

3. 工作时间

使用最近上市的整流二极管基本没有问题。要注意，有些早期上市的整流二极管即便打着高速的旗号，在现在看来也有可能是低速产品。

问题出现在关断时，这是因为积累在结的载流子消失之前器件无法进入关断状态。

图3.22所示为1N5811的数据，表示二极管的偏置消失后也有30ns的导通时间。设开关频率为100kHz，则周期为10μs，30ns是10μs的0.3%，因此判断可以正常使用。

电气特性（@25℃，除非另有说明）

	符号	1N5807	1N5809	1N5811	单位
最大反向恢复时间 1.0A I_F to 1.0A I_R. Recovers to 0.1A I_{RR}.	t_{rr}		30		ns

Rectifier, up to 150V,6A,30ns 1N5807,5809,5811 7-Jan-1998　SEMTECH

图3.22　1N5811的恢复时间

3.3 负载调整率

负载调整率是指负载电流对应的输出电压的变化，此指标表示稳定性。无负载时的输出电压减去额定负载时的输出电压，再除以无负载时的输出电压，得到一个百分数，这就是负载调整率。这个数字当然越小越好。

例如，无负载时输出电压为15.0V，额定负载时输出电压为14.5V，则负载调整率为

$$\frac{15.0\text{V} - 14.5\text{V}}{15.0\text{V}} = 3.3\%$$

负载调整率取决于以下两个要素：

（1）开关周期对应的整流电路的时间常数比。占空比不变，开关周期对应的整流电路时间常数变小时，输出电压降低。负载越轻，整流电路的时间常数越小，以此为根据的负载调整率表现为负载越轻，电压越小。通过设定时间常数并抑制负载电流的变化范围，可以将负载调整率控制在可以忽略不计的程度。

（2）包含二次电路器件（变压器、二极管、电感器）的直流电阻带来的压降。如图3.23所示，串联电阻产生的压降与电流成正比，防止的方法只有降低串联电阻。

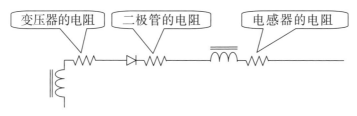

变压器的电阻　　二极管的电阻　　　电感器的电阻

图3.23　二次侧的直流电阻

严格地说，印制板和配线的直流电阻也是要素之一。除二极管电阻之外，剩余的电阻都取决于线材的直流电阻。线材的直流电阻是粗细程度和长度的函数。线材越细长，电阻越大；线材越粗短，电阻越小。

图3.24是以田村制作所的产品作为电感示例。

含最大电感860μH的GLS-02-0860中，直流电阻最大值为220mΩ，即0.22Ω。电流为100mA时会产生0.02V的压降。这种程度的压降不成问题，但设计时一定要计算电阻产生的压降。变压器也与它类似。

负载调整率不能为零，所以设计负载端时要能够容许这部分电压变化，这一

点十分关键。如果负载端严格设定电压公差，二次侧就不能仅依赖于整流电路。在设计电源之前要重视负载设计。

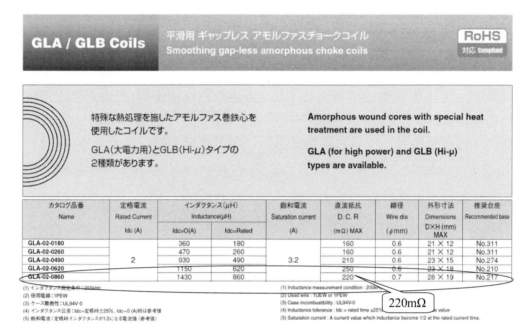

田村制作所 选自扼流圈 GLA/GLB 的数据表

图3.24　电感器的直流电阻

3.4　变压器

结束整流电路设计后，下面开始设计变压器。

3.4.1　匝数比的设定

设一次电源电压为V_p，二次输出电压为V_s，占空比为d，变压器的一次绕组数为n_1，二次绕组数为n_2。

占空比d时等效一次电源电压为$V_p \cdot d$，所以匝数比计算为

$$\frac{n_2}{n_1} = \frac{V_s}{V_s \cdot d}$$

例如，设一次电源电压范围为20～40V，20V时占空比为85%，则20V时等效一次电源电压为

$$V_p \cdot d = 20\text{V} \times 0.85 = 17\text{V}$$

40V时占空比是20V时的二分之一，即42.5%，所以等效一次电源电压为

$$V_p \cdot d = 40V \times 0.425 = 17V$$

所以无论电源电压如何变化，等效一次电源电压不变，即匝数比不变。

顺便提一下，设输出电压V_s为15V，则绕组比为

$$\frac{n_2}{n_1} = \frac{V_s}{V_p \cdot d} = \frac{15V}{17V} = 0.88$$

实际上这个数值并不可用，问题在于整流电路使用的二极管。因为硅二极管约有0.6V的正向压降，这部分压降需要补偿。

一次电源电压乘以变压器的匝数比就是变压器二次侧输出。整流电路的输入电压为此电压与二极管压降V_d的差，取平均值，二次输出电压如下式所示：

$$V_s = \left(V_p \times \frac{n_2}{n_1} - V_d\right) \times d$$

两边分别除以$V_p \cdot d$，整理得到匝数比：

$$\frac{n_2}{n_1} = \frac{V_s}{V_p \cdot d} + \frac{V_d}{V_p}$$

与不考虑二极管压降时相比，多加了$\frac{V_d}{V_p}$。麻烦的是这一数值会随一次电源电压V_p而变化，因此匝数比会随一次电源电压基准值而变化。

有一种基准值的思路是使用一次电源电压范围内的标称电压。比如，设一次电源电压范围为20～40V，20V时占空比为85%。如果标称电压是28V，就用28V和当时的占空比61%确定匝数比。

另一种思路是，既然二极管压降V_d在一次电源电压V_p较低时影响较大，那么就使用最低电压。此示例中是20V和85%。

表3.1是试算结果。

表3.1

输出电压	匝数比	
	28V，60.7%	20V，0.85%
15V	$\frac{15V}{28V \times 0.607} + \frac{0.6}{28V} = 0.904$	$\frac{15V}{20V \times 0.85} + \frac{0.6V}{20V} = 0.912$

表3.1的试算结果大于之前计算的0.88。

由于加入了二极管的正向压降这一恒压要素，所以一次电源电压可变时二次输出电压会发生变化，即线性调整率恶化。

设匝数比为 0.904，通过 $V_s = \left(V_p \times \dfrac{n_2}{n_2} - V_d \right) \times d$ 计算输出电压并做成曲线图，如图3.25所示。

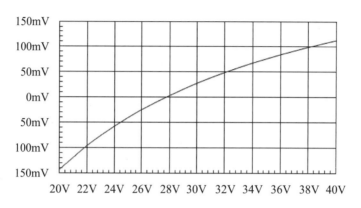

图3.25 非线性要素的线性调整率变化

从图3.25可以看出，变化约为250mV。

3.4.2 多输出

亲自设计并制作电源的乐趣在于能够得到自己想要的输出电压，而且可以任意组成多输出。例如，模拟电路的标准电压为15V，而实际上13V也够用。只要设计好变压器，就能够得到用于模拟电路、数字电路，以及恒流电路的高电压输出组合。市面上的电源组件的输出电压是固定的，多输出必须准备多个电源，从这一点上说，亲自制作电源有绝对优势。

多输出中，原本变压器的二次输出之间的匝数比等于输出电压比，但如上面的章节所说，由于加入了二极管的正向压降这一常数项，就无法简单地以输出电压比来决定了。我们需要针对每次输出确定一次绕组对应的匝数比。输出电压越高，对等于二极管的正向压降的输出电压误差的影响越小，所以输出电压较高时可以忽略，而输出电压较低时需要注意影响。

定制变压器时，变压器制造商不会补偿二极管压降部分，所以除输入电压和输出电压之外，还要在定制数据中指定匝数比。

3.4.3 直流叠加

变压器与电感器相同，需要考虑到直流叠加。直流问题与磁芯设计有关。

如果开关方式是推挽，则无须在意一次侧的直流部分，但单端结构时会产生直流。二次侧的作用在于获得直流，所以直流必然会流入变压器绕组。

含上述直流成分在内，就需要充分得到交流部分对应的电感，所以磁芯自然很大。因此电路设计中要尽可能减少直流部分。也就是说，要考虑到绕组中直流的方向，尽可能使直流部分相互抵消。

如图3.26所示，一次侧的开关以推挽为前提，但二次侧两个绕组中的直流方向相反，所以磁通相互抵消，磁芯中没有直流。

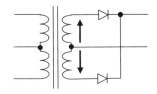

图3.26 变压器的直流叠加措施（1）

一次侧的开关是单端结构时，正负组合看似合理，但如图3.27所示，一次和二次的耦合受到限制，无法抵消。

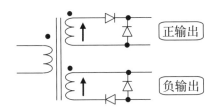

图3.27 变压器的直流叠加措施（2）

定制变压器时要在定制数据中注明直流方向。单端结构则需注明变压器绕组的极性。

我们需要知道各个绕组的输出的直流电流值。除最大负载电流之外，也要标记负载电流的范围，这样更加稳妥。即使配置绕组的极性使得磁通相互抵消，两个绕组的电流也并非始终相等，要将电流条件，也就是正负电流未必相同作为前提。当然也要记住，如果能够始终保持平衡，就可以减小磁芯，也就可以得到更小巧的变压器。

3.4.4 发 热

变压器发热严重。一定要了解发热量并采取适当的散热措施。如果在真空中使用，就要做好导热散热的措施。

3.5 负　载

PWM DC-DC变换器的特性取决于整流电路，这就涉及负载。电源的作用是向负载提供电压稳定的直流电。正如我们在第2章讨论过的，PWM DC-DC变换器的关键在于整流，想得到正确的整流效果就需要扼流圈输入，所以扼流圈输入的特性也就代表了PWM DC-DC的特性。根据此特性选择负载，就能够打造出高效、与负载配合默契的电源。

对负载设计有以下几点要求：

（1）电源电压公差大。

（2）容许波动大。

（3）二次输出种类少。

（4）负载电流的变化范围小。

（5）最大负载电流的估测准确。

上述内容对负载设计十分重要。

电源电压容许范围大，意味着电路能够承受电源电压的略微变化，电路工作稳定。也就是说，电路的信任度提高了。在对电路工作进行实验时，实验者不必在电源的设计上花太多心思，也会提高生产效率。

如果减少二次输出的种类，在对负载电路实验时，实验者就不必准备多个电源并分别设定，也不必考虑电源的使用顺序，有助于提高生产效率。

负载电路的设计者往往对电源的要求模棱两可，我们应该在设计负载时对电源系统有清晰的认识，并以此为基础提出要求。这样才能够得到高效的、与负载配合默契的、高信任度的电源和设备。

第4章
一次侧

4.1 开关电路

开关电路是一次侧的主角。整流电路设计的前提是开关频率或开关周期和占空比的设计。

4.1.1 开关频率

开关频率取决于开关使用的器件的速度。三极管约为10kHz以上，MOSFET约为100kHz以上。

图4.1是曾经风靡一时的三极管2N5672的开关特性。

电气特性（T_c = 25℃，除非另有说明）

特性		符号	Min	Max	单位
开关特性					
启动时间	V_{CC} = 30 V I_C = 15.0 A $I_{B1} = -I_{B2}$ = 1.2 A t_p = 0.1 ms 占空比≤ 2.0%	t_{on}		0.5	μs
存储时间		t_s		1.5	μs
下降时间		t_f		0.5	μs

2N5672 NPN Power transistor　MOSPEC

图4.1 2N5672的开关特性

图4.1中展示了启动时间、下降时间和存储时间。

启动时间是从给基极发送信号到集电极开始开启的时间，这段时间就是延迟时间。但是这段时间内三极管的集电极并非完全没有变化，所以很难界定这段时间究竟是导通还是关断。

下降时间与启动时间相同，是从停止基极驱动到开始关断的时间，这段时间也与启动时间一样，很难界定究竟是导通还是关断。

存储时间是基极的过剩载流子消失的时间。要想使三极管饱和导通，只要计算出集电极电流除以直流电流放大率（h_{FE}）的最小值得到基极电流即可，但常温下h_{FE}会变大，导致基极电流过剩。过剩的基极电流使过剩载流子储存在基极中，即便去除基极的驱动信号后，在储存的载流子消失殆尽之前，集电极电流也不会断开。存储时间是三极管开关中最大的难题。

基极电流越大，存储时间越长。在上述2N5672的数据表中，集电极电流I_C = 15A，基极电流I_B = 1.2A。

此三极管的25℃下的直流电流放大率如图4.2所示。

电气特性（T_{c} = 25℃，除非另有说明）

特性	符号	Min	Max	单位
导通特性				
直流电增益 （I_{C} = 15.0 A, V_{CE} = 2.0 V） （I_{C} = 20.0 A, V_{CE} = 5.0 V）	h_{FE}	20 20	100	

2N5672 NPN Power transistor　MOSPEC

图4.2　2N5672的直流放大率

图4.2中，直流电流放大率的最小值为h_{FE} = 20，集电极电流15A所需的基极电流为

$$\frac{I_{C}}{h_{FE}} = \frac{15\text{A}}{20} = 0.75\text{A}$$

测试条件的基极电流1.2A与计算出的基极电流的比为$\frac{1.2\text{A}}{0.75\text{A}} = 1.6$，即测试条件的基极电流在$h_{FE}$最小时也约有60%过剩。

图4.2中，直流电流放大率的最大值为h_{FE} = 100，此时所需的基极电流为

$$\frac{I_{C}}{h_{FE}} = \frac{15\text{A}}{100} = 0.15\text{A}$$

测试条件的基极电流1.2A与计算出的基极电流的比为$\frac{1.2\text{A}}{0.15\text{A}} = 8$，实际过剩8倍。

但是数据表显示基极电流不超过1.2A时存储时间少于1.5μs，并且基极电流更加过剩时，存储时间更加延长。这时数据无法作为保障，所以设计时要遵守数据表的测试条件中的基极电流。

总而言之，启动时间、存储时间和下降时间的和是开关的瞬态中的空耗时间。此示例中的空耗时间如下：

$$t_{on} + t_{stg} + t_{fall} = 0.5\mu s + 1.5\mu s + 0.5\mu s = 2.5\mu s$$

我们在设定开关周期的长度时要使之能够忽略空耗时间，或防止空耗时间影响到设计。如果空耗时间占开关周期的10%，设计就可以实用化。这样就确定了开关频率。

例如，设空耗时间2.5μs占开关周期的10%，开关周期为25μs，即频率为40kHz。设10%为5分钟，则开关周期为17μs，频率为60kHz。这就是使用三极管

时开关频率的极限值。当然，我们也可以在掌握空耗时间后提高开关频率，但这样的电源效率不高。

下面来看看MOSFET。

图4.3为IRHMS57160的开关特性，展示了启动延迟时间、上升时间、关断延迟时间、下降时间四个参数，均为最大值。将它们相加

$$t_{d(on)}+t_r+t_{d(off)}+t_f = 35ns+125ns+75ns+50ns = 285ns$$

它们的总和只有285ns。FET中的三极管没有基极过剩载流子问题，所以速度很快。设上述空耗时间为开关周期的10%，则开关周期为2.9μs，频率为350kHz。

电气特性（$T_i = 25℃$，除非另有说明）

特性		Min	Typ	Max	单位	测试条件
$t_{d(on)}$	启动延迟时间	—	—	35		
t_r	上升时间	—	—	125	ns	$V_{DD}=50V$, $I_D=45A$
$t_{d(off)}$	关闭延迟时间	—	—	75		$V_{GS}=12V$, $R_G=2.35Ω$
t_f	下降时间	—	—	50		

IRHMS57160 Radiation hardened Power MOSFET 24-Jul-2006
International Rectifier

图4.3　IRHMS57160的开关特性

如果开关频率够高，小电感器或电容器就能够获得充分的电抗，有利于整流电路的小型化，但FET的开关特性好反而会增加抑制尖峰噪声的难度，而且效率会降低，作为负载的模拟电路中纹波抑制力降低，所以开关频率并非越高越好。某些电源教材上说频率越高越有利于小型化，只是以偏概全。

4.1.2　死区时间

死区时间指的是在两个开关周期之间不导通的时间。

我们在前面介绍过，无论是三极管还是MOSFET，停止基极驱动和栅极驱动后集电极电流和漏极电流不会马上停止，一段时间内还存在负载电流。

只使用一个开关器件，即单端结构运转正常；但用两个开关器件组成推挽结构或桥式结构时，即使关断一个器件，在三极管的基极载流子消失之前，去掉FET和栅极驱动之后也不会关断，变压器绕组中仍有电流通过。这段时间内如果另一组三极管或FET导通，则对面的绕组中也有电流通过。两个绕组同时通电，各个变压器绕组产生的磁通相互抵消，变压器绕组的电抗消失，变成纯粹的电线，导致一次电源短路，发生重大事故，如图4.4所示。

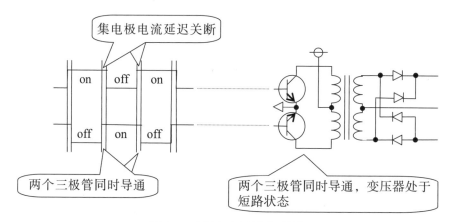

图4.4　死区时间的必要性

为了避免两个开关器件同时导通，停止驱动信号到器件关断期间要防止对方器件输出驱动信号，这段时间叫作死区时间。

死区时间至少要等于三极管或MOSFET的关断时间。如果是三极管，死区时间等于存储时间与下降时间之和。

三极管2N5672的死区时间为图4.1中的$t_{s\_max} = 1.5\mu s$和$t_{f\_max} = 0.5\mu s$的和，结果是$2\mu s$。

MOSFET IRHMS57160的死区时间为图4.3中的$t_{d(off)\_max} = 75ns$和$t_{f\_max} = 50ns$的和，结果是125ns。

从上述内容可知，开关器件的导通时间与短路故障无关，可以不考虑。因此开关频率可以高于4.1.1节中提到的数值，增加的部分等于开关频率减掉开关器件导通的时间。

设死区时间为开关周期的10%，则三极管2N5672中$\dfrac{2\mu s}{0.1} = 20\mu s$，所以开关频率为50kHz；MOSFET IRHMS57160中$\dfrac{125ns}{0.1} = 1.25$，所以开关频率为800kHz。

4.1.3　二次侧的二极管

我们已经知道，用于开关的器件的响应速度对开关频率和死区时间有制约。二次侧的二极管也要考虑到这一点。

二极管是货真价实的开关器件。三极管和FET通过基极驱动或栅极驱动来切换，而二极管因施加的偏置极性导致切换点不同。与三极管的基极–发射极间相同，即使去除偏置，载流子也不会立即消失，所以关断有延迟。

原则上要选择开关速度快于开关器件的二极管。万一二极管的速度较慢，死区时间就要与二极管一致。

用三极管作为开关器件时，只要没有过度失误，二次侧的二极管开关速度快于三极管，但MOSFET的速度较快，所以一定要检查二极管的开关速度。

图4.5是1N5811的恢复时间。

电气特性（@ 25℃，除非另有说明）

	符号	1N5807	1N5809	1N5811	单位
最大反向恢复时间 1.0A I_F to 1.0A I_R. Recovers to 0.1A I_{RR}.	t_{rr}	←———— 30 ————→			ns

Rectifier, up to 150V, 6A, 30ns 1N5807, 5809, 5811 7-Jan-1998　SEMTECH

图4.5　1N5811的恢复时间

二极管的偏置消失到显示出关断特性为止需要30ns。反过来说，30ns内都是导通状态。

MOSFET IRHMS57160的关断时间为125ns，囊括了1N5811的关断时间。1N5811十分受欢迎，原因也许就在于它的恢复时间短。

4.1.4　占空比

最大占空比取决于开关器件驱动所需的死区时间。

推挽电路能够实现理想的占空比100%，但实际情况下要确保死区时间，所以减去死区时间后得到的才是最大占空比。

设三极管2N5672的死区时间为2μs，开关频率为50kHz，开关周期为20μs，则最大占空比为

$$\frac{20\mu s - 2\mu s}{20\mu s} = 0.90$$

因此占空比不能大于90%。

顺便一提，一次电源电压为20～40V时，因为20V时最大占空比为90%，所以40V时的占空比自动确定为45%。

如果是理想的方波开关，只需考虑开关器件所需的死区时间即可，但实际设计中要设定占空比为较小的数值，这是因为还需要考虑其他与死区时间类似的因素。

这就是与开关方式相关的尖峰信号对策。我们在其他章节会提到，方波的上升、下降会产生尖峰信号。尖峰信号对策能够延缓方波的上升和下降。这一要素与开关元件的关断延迟相同，要在最大死区时间中加入这段时间。

不同的尖峰信号对策的取值不同，我们无法一言以概之。一定要给出一个数值的话，可以加入计算开关器件占空比时使用的死区时间，也就是死区时间的2倍。

三极管2N5672的死区时间是2μs，2倍就是4μs，因此开关频率是50kHz时最大占空比为80%。如果一次电源电压为20～40V，20V时最大占空比是80%，则40V时的占空比为40%。占空比40%可以实用化。占空比和整流输出的品质关系请参考第2章。

开关电路为单端时，不存在同时导通，所以占空比不受制约，但100%的占空比不是交流，而是直流，所以变换器不成立。单端不存在占空比100%。

4.1.5　电压、电流、功率

1. 电　压

开关器件的最低耐压值应为一次电源电压的最大值的2倍。

推挽方式下，关断的三极管的集电极电压为电源电压的2倍。如果条件理想，2倍很好，但实际上尖峰信号会叠加，所以需要大于2倍。单端也有2倍的情况，所以我们将2倍作为标准。超过2倍的情况与推挽方式相同。

降额使用时，器件的绝对最大额定值必须大于器件上的最大电压除以降额因数后得到的数值。

如果器件的最大电压为100V，电压的降额因数为80%，则必须选择绝对最大额定值大于$\dfrac{100}{0.8} = 125\text{V}$的器件。

2. 电　流

用二次负载功率的总和除以变压器的效率，再除以二次电源电压，就可以得到通过的电流。开关器件只在开关导通时供电，这时的一次电源电压值等于一次电源电压乘以占空比的积。

例如，设二次侧的总功率为30V·A，变压器效率为80%，则所需的一次侧供给功率为

$$\frac{30\,\text{V}\cdot\text{A}}{0.8}=37.5\,\text{V}\cdot\text{A}$$

设一次电源电压为20～40V，最大占空比为80%，一次电源电压为20V，占空比80%时电流最大，电流值为

$$\frac{37.5\,\text{V}}{20\,\text{V}\times0.8}=\frac{37.5\,\text{V}}{16\,\text{V}}=2.34\,\text{A}$$

推挽情况下，一个三极管中的电流也是如此。但是推挽时每个循环后有间歇，有效电流值只有一半，所以损耗也减半。

降额使用时，用器件的最大电流除以电流降额因数，选择绝对最大额定值大于这一数值的器件。

如果器件的电流为2.34A，降额因数为80%，则降额使用时的电流为$\frac{2.34\,\text{A}}{0.8}=$
2.93A，因此选择绝对最大额定值大于这一数值的器件即可。

3. 功率，结温

功率，即器件的容许热损耗，由结温决定。

结处产生的热损耗会流向外壳。结和外壳之间有热电阻。热量的流动在通过热电阻时产生温差。也就是说，结温等于外壳温度加上热损耗和热电阻的积的温度，即

$$T_\text{j}=T_\text{c}+P_\text{d}\cdot\theta_\text{jc}$$

其中，T_j为结温，单位为℃；T_c为外壳温度，单位为℃；P_d为热损耗，单位为W；θ_jc为结和外壳之间的热电阻，单位为℃/W。

使用半导体器件时，只要结温不超过温度临界值即可。

虽然外壳温度越低，越能减少损耗，但散热能力也有极限，达到一定热损耗，即一定功率损耗后便不再增加。器件的数据表上写有最大功率××W，这就是功率限值。

图4.6是2N5672的容许损耗。

最大结温是200℃，周围温度为200℃时，温升不会继续增加，即耗电为零，也就是无法使用。如果最大结温为100℃，则使用功率不超过80W。25℃以下时，无论结温是多少，都不可以在140W以上使用。

71

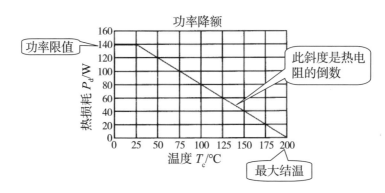

2N5672 NPN Power transistor　MOSPEC

图4.6　2N5672的容许损耗

前面说过，热电阻位于结和外壳之间，但在常压大气中使用时，以空气对流散热为前提，使用结和大气之间的热电阻。

数据表上对热电阻的描述是有区分的，结和外壳之间为θ_{jc}（junction to case），结与大气之间为θ_{ja}（junction to air）。

热损耗乘以结和外壳之间的热电阻θ_{jc}得到温升，再加上外壳温度T_c就是结温T_j。对流散热的情况下，结温是热损耗乘以结和大气之间的热电阻θ_{ja}，再加上大气温度。

乘以降额时，要乘以最大功率和最大结温两项。

电压和电流降额都是80%时，功率降额60%。最大结温直接设定。大多数情况参照系统要求。

下面尝试根据2N5672的数据表来设定。由图4.7可知，功率降额为60%，最大结温为125℃。

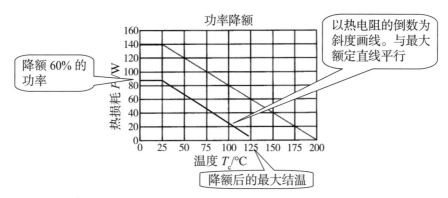

2N5672 NPN Power transistor　MOSPEC

图4.7　2N5672的功率降额

耗电计算为导通时集电极–发射极间电压或漏极–源极间电压和集电极电流或漏极电流的乘积。关断时也有漏电流，施加的电压较大，也会产生损耗，但通常可以忽略。以防万一可以加以计算。

导通和关断之间通过损耗较大的线性区域。此区域内损耗较大。但是在线性区域内的时间较短，平均时间后可以忽略，但是器件不可以超过最大损耗，哪怕只有一瞬间，所以需要检查是否超过限制。

图4.8是2N5672的安全工作区域。

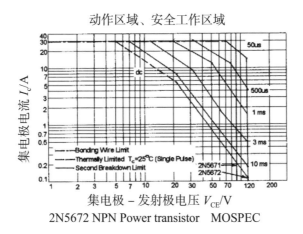

图4.8 2N5672的安全工作区域

图4.9是IRHMS57160的安全工作区域。

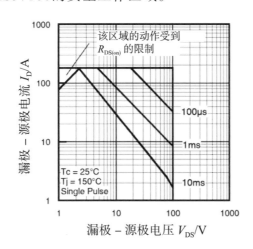

IRHMS57160 Radiation hardened Power MOSFET 24-Jul-2006
International Rectifier

图4.9 IRHMS57160的安全工作区域

4.1.6 配线的电感

开关电路中有一个很大的难题就是配线的电感，如果忽视了这一点，可能会导致效率降低、尖峰电压增大，甚至无法开关。

配线具有电感 L。当电流变化 $\dfrac{\mathrm{d}i}{\mathrm{d}t}$ 时，配线两端会产生 $V = L \cdot \dfrac{\mathrm{d}i}{\mathrm{d}t}$ 的电压。PWM电源中是方波，即使电感 L 值很小，方波的上升和下降时，理论上都会有频率无限大的极大的电流，所以 $\dfrac{\mathrm{d}i}{\mathrm{d}t}$ 值很大，最终在配线两端产生极大的电压。

此电压在开关导通时产生较大的压降，有抑制电流增加的作用。

配线的杂散电感如图4.10所示。

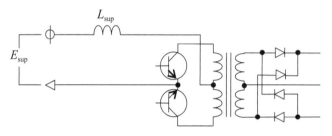

图4.10 配线的杂散电感

请注意杂散电感 L_{sup}。三极管导通的同时，我们本想把一次电源 E_{sup} 施加在变压器的中点，但是 L_{sup} 产生电压降使得电压只有 $E_{\mathrm{sup}} - L_{\mathrm{sup}} \cdot \dfrac{\mathrm{d}i}{\mathrm{d}t}$，无法施加预期的电压。电流变化小，$E_{\mathrm{sup}}$ 才能顺利施加。

三极管上升较慢，$\dfrac{\mathrm{d}i}{\mathrm{d}t}$ 较小，但是FET响应较快，$\dfrac{\mathrm{d}i}{\mathrm{d}t}$ 较大，问题比三极管严重。

下面看一下数值会达到多少。

以IRHMS57160作为MOSFET的示例，如图4.3所示，导通的上升时间为125ns，设电流为3A，配线的电感为0.1μH，则产生的压降 V 为

$$V = L \cdot \frac{\mathrm{d}i}{\mathrm{d}t} = 0.4\mu\mathrm{H} \times \frac{3\mathrm{A}}{125\mathrm{ns}} = 2.4\mathrm{V}$$

电源电压为20V，则压降接近12%。

设最大电流3A时电源电压为20V，最大占空比80%，则电源容量较小，功率为48W。如果功率接近100W，则电源电流成倍，压降也成倍，后果很严重。

以2N5672作为三极管的示例，如图4.1所示，导通时间为0.5μs，是MOSFET IRHMS57160的4倍。因此条件同上时配线的电感产生的压降只有四分之一，0.6V。

为了避开杂散电感L_{sup}产生的压降，如图4.11所示，可以在变压器旁边设置电容器，在开关导通的同时用电容器供电。但这种方式在使用时要特别注意，尤其是元件配置的问题。

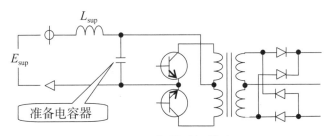

图4.11　电容器瞬间供电

如图4.12所示，开关导通的同时电容器供电，所以电容器就是电源。此电源的电力不可以浪费。所以电容器、变压器、开关器件，以及回到电容器的环路内的配线电感必须足够小，以至于忽略不计。也就是说，配线要短而粗。

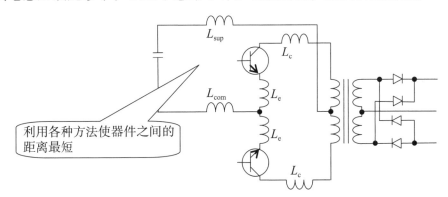

图4.12　减少杂散电感

电容器到变压器中点、变压器到三极管的集电极、三极管的发射极到地、地到电容器之间的配线电感都必须小。因此这些元件必须近距离配置。变压器的导线不是变压器的一部分，而是配线的一部分，一定要尽可能达到最短。

开关器件都要散热，所以大多数需要安装在电路板之外，用配线与电路板相连，这样会延长配线，需要在安装位置上想办法，缩短配线。实在无法缩短时，就使用较宽的导体抑制电感。

以上我们讨论了开关导通时的情况，开关关断时也会因电流变化在电感器上产生大电压和噪声,有时瞬态电压甚至会超过开关器件的耐压。虽然不能用商品做实验,但我们可以尝试加长变压器和开关器件之间的配线,感受惊人的电压。

4.1.7 电容器组

电容器组的容量其实很难决定。实际中的做法是在试做阶段确认电容器组的作用之后,决定产品容量。基本思路是在开关导通的上升期间由电容器组供电。

下面以IRHMS57160作为MOSFET的示例,计算开关器件的上升时间。

如图4.3所示,导通时的上升时间为125ns,此期间电容器组供电,设开关器件的最大电流为3A,125ns期间电流为3A,则所需的电荷q为

$$q = 3A \times 125ns = 375nC$$

设放电时压降的容许值是电源电压的1%,即0.2V,则

$$C = \frac{q}{E} = \frac{375nC}{0.02V} = 18\ 800nF \to 20\mu F$$

容量较大。

上述计算的前提是上升期间由电容器组供电,上升期间结束后由一次电源侧供电。问题在于电容器组为开关电路供电之后,一次电源侧应该以什么样的速度供电。该修正阶段如果花费时间,就需要更大的电容器组。

用FET作为开关器件时,开关频率通常大于等于100kHz。100kHz的周期是10μs。我们可以令电容器组供电一个周期,其间不足的电量由一次电源侧供给,这样就可以为电容器组缓慢充电。

例如,10μs期间电流为3A,所需电荷为

$$q = 3A \times 10ns = 30\mu C$$

如果电源压降为2V,则所需的电容器容量为

$$C = \frac{q}{E} = \frac{30\mu C}{2V} = 15\mu F$$

如果压降为0.2V,则所需的电容器容量为

$$C = \frac{q}{E} = \frac{30\mu C}{0.2V} = 150\mu F$$

要用实物进行试验,用效率进行评价更加客观。我们逐渐增大电容器组并计算效率。如果效率达到极限则不需要更大的容量。

再重申一次，请勿增加电容器组的配线电感。实验时直接用变压器的中点连接电容器可能会得到高效点，但制造出的产品效率却不高。这是因为电容器安装在印制电路板上，与变压器之间的配线比直接安装电容器更长，而且图形更细。结果不得不重新设计印制电路板，重新制作。

4.1.8　驱动电路

1. 三极管的基极驱动

◆ 基极−发射极间电阻的设定

三极管的基极电路设计从设定基极−发射极间电阻开始。

三极管的集电极到基极中有漏电流，这部分漏电流转化为基极驱动信号，抑制集电极电流的增加。在此引用2N5672的数据表，如图4.13所示。

电气特性（补充）

特性		符号	Min	Max	单位
关断特性					
集电极−基极漏电流 $V_{CB}=120V_{dc}$　　　　　2N5671 $V_{CB}=150V_{dc}$　　　　　2N5672		I_{CBO}		25 25	mA_{dc}

2N5671,2N5672　Microsemi　NPN High Power Silicon Transistor

图4.13　2N5672的漏电流

I_{CBO}是发射极开路时集电极−基极间的漏电流，使电流通过基极−发射极间插入的电阻，控制电阻端产生的电压不超过基极−发射极间的二极管带隙电压0.6V，如图4.14所示。

图4.14　漏电流的补偿

最大电阻值为

$$R_{BE}=\frac{0.6V}{25mA}=24\Omega \rightarrow 24\Omega（E24系列）$$

驱动基极时，增加基极电流，一开始电流流向发射极间电阻，不流向基极。继续增加电流，基极−发射极间电阻的端电压超过0.6V后，基极电流才流出。也就是说，基极−发射极间电阻中通过的电流25mA是空耗电流。

I_{CBO}和基极–发射极间二极管的带隙电压随温度变化，所以严格地说，应该参考可使用的总温度范围数据，但我们并无法得到所有数据表。使用25℃下的电气特性数据在实用上并没有问题。如果不放心，可以设带隙电压为0.5～0.7V来计算。

【专栏】　基极–发射极间电阻

基极–发射极间电阻是用于补偿漏电流而插入的电阻，只从基极驱动来看是空耗电流，但用于信号连接则能够得到电路噪声耐受性。

假设用三极管2N2222A接收导通/关断信号。2N2222A中集电极电流I_C = 10mA，集电极–发射极间电压V_{CE} = 10V时，直流放大率范围为100≤h_{FE}≤300。为了使集电极电流达到10mA，需要的基极电流为$I_B = \dfrac{10\text{mA}}{100} = 100\mu\text{A}$，至少需要$I_B = \dfrac{10\text{mA}}{300} = 33\mu\text{A}$。由此可知，极小的电流就可以导通。如此一来，即使连接线上略有噪声，也可以导通。

此三极管的漏电流也较小，所以基极–发射极间电阻只要40kΩ就足够发挥作用了。基极–发射极间电阻中的电流最多只有20μA左右。

下面在基极–发射极间插入600Ω的电阻。$I_{BE} = \dfrac{0.6\text{V}}{600\Omega} = 1\text{mA}$，所以连接线中的电流超过1mA之前，三极管不会导通。这就增加了电路对噪声的耐受性。

◆ 基极电阻的设定

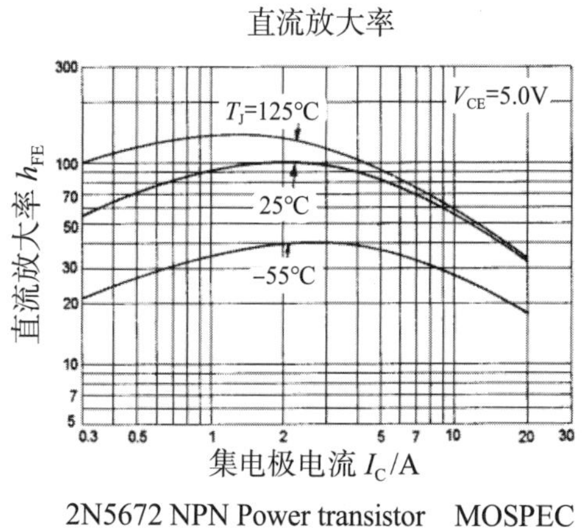

接下来确定基极电阻。

切换的最大电流除以使用温度范围和电流范围内的最低直流放大率h_{TE}，就可以计算出开关所需的基极电流。此电流加上基极–发射极间电阻中的电流就是驱动所需的电流。驱动电源电压除以此电流值就得到基极电阻。

设开关三极管为2N5672，最大集电极电流为3A，则直流放大率h_{FE}如图4.15所示。

2N5672 NPN Power transistor　MOSPEC

图4.15　2N5672的直流放大率

设最低使用温度为零下11℃。没有零下11℃的曲线，可以采用内插，但是这样的曲线很难精确内插，所以我们使用有准确数据的零下55℃曲线。

零下55℃曲线，集电极电流为3A，$h_{FE}=40$，所需的基极电流为

$$I_B = \frac{3A}{40} = 75\,mA$$

设基极–发射极间电阻为24Ω，则驱动所需的电流为

$$I_d = 75\,mA + \frac{0.6V}{24\Omega} = 75\,mA + 24\,mA = 99\,mA$$

驱动电路系统如图4.16所示，PWM IC为UC1825。

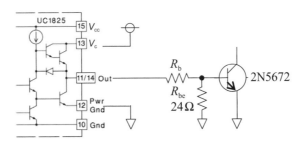

图4.16 基极–发射极间电阻的设定

设驱动电源电压V_C为15V，则输出电压特性如图4.17所示。

电气特性：若无特殊说明，$R_T=3.65k$，$C_T=1nF$，$V_{cc}=15V$，$-55℃<T_A<125℃$，UC1825，$-40℃<T_A<85℃$；UC2825；$0℃<T_A<70℃$，UC3825，$T_A=T_J$

特性	测试条件	UC1825 UC2825			UC3825			
		MIN	TOP	MAX	MIN	TOP	MAX	单位
输出								
输出低电平	$I_{OUT}=20mA$		0.25	0.40		0.25	0.40	V
	$I_{OUT}=200mA$		1.2	2.2		1.2	2.2	V
输出高电平	$I_{OUT}=-20mA$	13.0	13.5		13.0	13.5		V
	$I_{OUT}=-200mA$	12.0	13.0		12.0	13.0		V

UC1825 Mar-2004 Texas Instruments High Speed PWM Controller

图4.17 UC1825的输出特性

如果输出电流为220mA，则最低可确保12.0V电压。

PWM IC的输出电压V_{C_PWM}与开关三极管的基极–发射极间电压V_{BE}之间的电压差除以基极驱动电流I_D，能够得到基极电阻

$$R_B = \frac{V_{C\_PWM} - V_{BE}}{I_D} = \frac{12V - 0.7V}{99\,mA} = 114\,\Omega \rightarrow 110\,\Omega \text{（E24系列）}$$

驱动电路如图4.18所示。

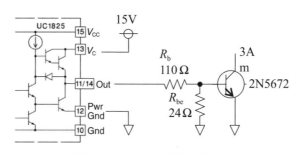

图4.18　基极电阻的设定

至此，基极相关设计就结束了，但需要注意以下几点。

◆ 三极管的基极-发射极间电压

我们设三极管的基极-发射极间电压为0.7V，但图4.19的数据表中没有这一数值。

电气特性（$T_C = 25℃$，除非另有说明）

特性	符号	Min	Max	单位
导通特性				
正向电流传输比 $I_C = 15A_{dc}, V_{CE} = 2.0V_{dc}$ $I_C = 20A_{dc}, V_{CE} = 5.0V_{dc}$	h_{FE}	20 20	100	
集电极 - 发射极饱和电压 $I_C = 15A_{dc}, I_B = 1.2A_{dc}$ $I_C = 30A_{dc}, I_B = 6.0A_{dc}$	$V_{CE(sat)}$		0.75 5.0	V_{dc}
基极 - 发射极饱和电压 $I_C = 15A_{dc}, I_B = 1.2A_{dc}$	$V_{BE(sat)}$		1.5	V_{dc}

2N5671,2N5672　Microsemi　NPN High Power Silicon Transistor

图4.19　2N5672的基极-发射极间电压

基极-发射极间饱和电压最大只有1.5V，如果直接将它作为基极-发射极间电压，后果不堪设想。问题在于测试条件的基极电流值。我们在设计电路时，基极电流通常小于这个数值，所以与电流成比例的电压较小，基极-发射极间电压也会小于数据表上的值。

三极管的基极-发射极间可以替换为二极管。二极管的电压-电流特性原本是指数函数形式，但用电压源串联电阻来替代就足够实用了，如图4.20所示。

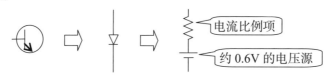

图4.20　三极管的基极-发射极间特性的替代

约0.6V的电压源是硅二极管的带隙电压。严格地说，它也随温度而变化。如果不确定0.6V稳压，可以在0.5～0.7V之间调整。根据数据表，$I_B = 1.2A_{DC}$条件下二极管的端电压是1.5V，所以二极管的电阻R_d为

$$R_d = \frac{1.5V - 0.6V}{1.2A} = 0.75\Omega$$

本示例中基极电流是99mA。此电流产生的电压是$0.75\Omega \times 99mA = 75mV$，将此电压加入电压源0.6V后，基极－发射极间电压为0.6V+0.074V≈0.7V，所以按照0.7V推进设计。

如果基极电流增大，则无法忽略二极管的电阻部分，但近年来大功率多使用IGBT，不会制造大基极电流去使用三极管。

◆PWM IC的漏电流

PWM IC的驱动级即使在关断时也有部分电流通过，所以要确认开关三极管是否自动导通。

如图4.21所示，我们只有$V_c = 30V$的数据，最大电流可达500μA。如果设开关三极管的基极－发射极间电阻为1.2kΩ，则$1.2k\Omega \times 500\mu A = 0.6V$，这就是漏电流使三极管自动导通的原理。上述设计示例中基极－发射极间电阻为24Ω，所以没有任何问题。

电气特性： 若无特殊说明，$R_T = 3.65k$，$C_T = 1nF$，$V_{cc} = 15V$，$-55\degree C < T_A < 125\degree C$，UC1825；$-40\degree C < T_A < 85\degree C$，UC2825；$0\degree C < T_A < 70\degree C$，UC3825，$T_A = T_J$

| 特性 | 测试条件 | UC1825 UC2825 | | | UC3825 | | | |
		MIN	TOP	MAX	MIN	TOP	MAX	单位
输出								
集电极漏电流	$V_C = 30V$		100	500		10	500	μA

UC1825 Mar-2004 Texas Instruments High Speed PWM Controller

图4.21　UC1825的漏电流

◆实用温度下的过大基极电流

例题中设最大集电极电流为3A，h_{FE}选用了零下55℃时的值40，基极电流为75mA。实际上设备大多在常温下使用。如图4.15所示，25℃，集电极电流3A时的h_{FE}约为100。$h_{FE} = 100$时所需的基极电流为$I_B = \frac{3A}{100} = 30mA$，所以25℃下，45mA也大于基极电流。但是此数值与数据表的开关时间测量时的基极电流值相比，差距不大，所以可以忽略开关特性。

顺便一提，2N5672的开关特性如图4.1所示，数据表的测试条件中的基极电流高达1.2A，所以使用上述开关时间时可以忽略基极电流。

◆旧型PWM IC的驱动电路

下面以UC1825作为PWM IC的示例。这种芯片的设计以MOSFET驱动为前提，驱动级为图腾柱结构。旧型PWM IC的设计以三极管驱动为前提，驱动电路大多不是图腾柱结构。

图4.22是已停产的TL494的驱动电路。

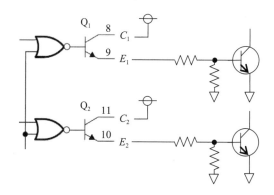

TL494 May-2002 Texas Instruments Pulse Width Modulation Control Cercuits

图4.22　TL494的驱动电路

此芯片的驱动电路是一个三极管。Hi驱动时如图4.22所示，用作射极跟随器。Lo驱动时发射极接地使用。

现代PWM IC都会关注MOSFET的栅极驱动。MOSFET驱动的最大问题是大栅极容量的充放电。因此PWM IC的输出级为了在Hi和Lo时都保持低输出阻抗而采用图腾柱输出。

2. FET的栅极驱动

◆驱动电压

MOSFET要从设定驱动电压开始。

三极管用基极电流控制，但MOSFET用栅极电压控制。

驱动电压取决于FET的栅极–源极间电压的绝对最大额定值。

图4.23是IRHMS57160的栅极–源极间电压。栅极–源极间电压的绝对最大额定值为20V，如果电压降额80%，则最大可用16V。

PWM IC是以15V驱动为前提制造的，数据表上的电气特性也以15V为前提。如果最大栅极–源极间电压为16V，则PWM IC可以在15V下使用。

如果栅极–源极间电压只能在15V以下使用，则只有降低PWM IC的驱动级电源电压。也可以用电阻将PWM IC的输出进行分压并相加，但下文会说到，为了使栅极–源极间电容器进行充放电，必须用低电阻连接PWM IC驱动级和栅极，因此行不通。请选择有耐压的FET。

绝对最大额定值			预辐照 单位
V_{GS}	栅极 – 源极电压	±20	V

IRHMS57160 Radiation hardened Power MOSFET 24-Jul-2006
International Rectifier

图4.23 IRHMS57160的栅极–源极间电压

◆ 栅极电阻

为了抑制栅极电容器充放电时产生的大电流峰值，需要确定PWM IC驱动级和栅极间的串联电阻，这保护的不是FET，而是FET驱动电路。

FET的栅极驱动的最大问题在于栅极电容器的充放电。

International Rectifier的IRHMS57160的数据表如图4.24所示。

电气特性（T_j = 25℃，除非另有说明）

特性		Min	型号	MAX	单位	测试条件
C_{iss}	输入电容	—	6270	—		
C_{oss}	输出电容	—	1620	—	pF	V_{GS} = 0V, V_{GS} = 25V f = 100kHz
C_{rss}	反向传输电容	—	35	—		

IRHMS57160 Radiation hardened Power MOSFET 24-Jul-2006
International Rectifier

图4.24 IRHMS57160的寄生电容

输入电容为6270pF，导通时此电容器必须瞬时充电，关断时瞬时放电，所以需要一个转换电路使电源和地直连栅极。

最近的控制用芯片的输出级电路都是以MOSFET驱动为前提制造的。

下面以Texas Instruments公司的UC1825为例，如图4.25所示。

导通时上方的三极管导通，电源和栅极直连，为栅极电容器充电；关断时下方的三极管导通，直连栅极，栅极电容器放电。

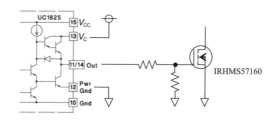

UC1825 Mar-2004 Texas Instruments　High Speed PWM Controller

图4.25　FET的栅极驱动

以FET的栅极电容器的充放电为目的，与三极管的控制芯片相比，可以大大增加驱动电流，如图4.26所示。

电气特性 (Note 1)
工作电压 (Pins 13, 15)..30V
输出电流，Source/Sink (Pins 11, 14)
DC...0.5A　　→　流过大电流电阻
脉冲 (0.5 s) 2.0A

UC1825 Mar-2004　Texas Instruments　High Speed PWM Controller

图4.26　UC1825的输出电流

对2.0A适用80%的降额，最大电流不得超过1.6A。

如图4.27所示，设驱动电源电压为15V，将最大驱动电流控制在1.6A，则限制电流所需的栅极电阻为

$$R_{\mathrm{G}} = \frac{15\mathrm{V}}{1.6\mathrm{A}} = 9.375\Omega \rightarrow 10\Omega\,(\text{E24系列})$$

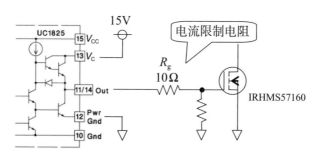

UC1825 Mar-2004 Texas Instruments　High Speed PWM Controller

图4.27　栅极串联电阻的设定

内部压降使UC1825的输出电压低于15V，但我们不知道最大值是多少，所以按照15V进行计算。

由电流限制电阻（10Ω）和输入电容（6270pF）得到的充放电时间常数为

$$10\Omega \times 6270\text{pF} = 63\text{ns}$$

数值较大。

63ns的3倍是189ns。设开关频率为100kHz，则约为开关周期的2%。如果开关频率为500kHz，则接近10%。

◆ 栅极–源极间电阻

PWM IC的驱动电路中有漏电流。如果FET开放栅极–源极间，那么漏电流产生的电压会使电路自动导通。为了防止这一情况，需要在栅极和源极之间插入电阻，如图4.28所示。

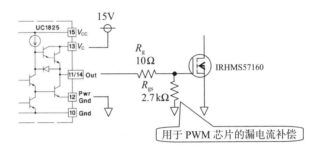

UC1825 Mar-2004 Texas Instruments High Speed PWM Controller

图4.28　栅极–源极间电阻的设定

电阻R_{GS}的值是在PWM IC的漏电流和R_{GS}的积产生的电压能够防止FET导通的条件下求出的。

UC1825的漏电流如图4.21所示，总温度范围中最大为500μA。

IRHMS57160的栅极特性如图4.29所示。

电气特性（$T_j = 25$℃，除非另有说明）

	特性	Min	型号	MAX	单位	测试条件
$V_{GS(th)}$	栅极 – 源极电压	2.0	—	4.0	V	$V_{DS} = V_{GS},\ I_D = 1.0\text{mA}$

IRHMS57160 Radiation hardened Power MOSFET 24-Jul-2006
International Rectifier

图4.29　IRHMS57160的栅极阈值电压

图4.29显示最小电压为2.0V，我们考虑到最恶劣的情况，如果用于航天设备，考虑到辐射带来的劣化，采用图4.30中辐射后的1.5V。

电气特性（T_j = 25℃，除非另有说明）

特性		Up to 500K Rads(Si)[1]		1000K Rads(Si)[2]		单位	测试条件
		Min	Max	Min	Max		
$V_{GS(th)}$	栅极－源极电压	2.0	4.0	1.5	4.0		$V_{GS} = V_{DS}$, $I_D = 1.0mA$

IRHMS57160 Radiation hardened Power MOSFET 24-Jul-2006
International Rectifier

图4.30　IRHMS57160的栅极阈值电压

栅极–源极间电阻计算如下：

$$R_{GS} = \frac{1.5V}{500\,\mu A} = 3k\Omega \rightarrow 2.7k\Omega（E24系列）$$

此电阻用于补偿PWM IC的输出级的漏电流，但实际上它还有更大的作用。

接通电源，在持续开关时FET的栅极始终连接PWM IC的输出级的低阻抗，但电源关断后就不能再保证PWM IC输出级的低阻抗。MOSFET开放栅极–源极间时，储存电荷，为防止栅极受到破坏，需要加以保护。栅极–源极间电阻在设备关断时使栅极和源极间短路，从而防止电荷积累，保护FET。

FET在实际安装之前必须插入导电聚氨酯板，安装后就没问题了。这是因为安装状态下栅极和源极间始终连接电阻。如果没有电阻，上述结论不成立。

【专栏】　电源关断时和瞬态时的电路设计

电路的设计者常常只设计工作状态，有时会忽略电源关断时、接通电源到工作开始之间、关断电源到工作结束之间的状态。

上文中的FET的栅极驱动电路在接通电源时能确保FET的栅极为低阻抗，一旦切断电源便无法维持，FET的栅极可能损坏。只要栅极和源极间连接了有限值的电阻，FET就能够受到保护。

设计阀门的开关电路时，如三极管连接PNP、NPN时，逻辑相反。电源导通的瞬态，输出中会瞬间出现阀门导通信号。如果阀门的操作对象是有毒气体则十分危险。这时与PNP、NPN组合就可以同相工作，防止接通电源时的故障输出。

切不可只设计接通电源后的电路，一定要同时设计电源关断时和瞬态时的电路。

◆栅极电路的配线

瞬态时栅极电流较大，栅极电路的配线电感容易引发故障。电流较大、变化较大，配线电感产生的压降会使栅极驱动波形钝化。栅极驱动波形钝化会导致开关波形偏离理想方波，效率下降，开关器件严重发热。PWM IC的栅极驱动电路和FET的栅极之间要尽可能使用短而粗的线材，以降低配线电感。

4.2 PWM IC

PWM电源的核心在于PWM IC。可以说，是这种芯片的出现使PWM DC-DC变换器步入实用化。想象一下用分立元件打造这种芯片，就会知道有多复杂。

用于PWM控制的芯片应具备以下功能：

（1）设定开关频率。

（2）设定死区时间。

（3）检测电源误差并放大误差。

（4）用于检测误差的基准电源。

（5）产生开关信号。

（6）驱动开关器件。

（7）设定软启动。

（8）检测和关断过电流。

有的芯片也有低压关断等附加功能，但所有芯片都应具备上述功能。

PWM IC的使用方法请参照数据表，在此我们对芯片的功能加以说明。以Texas Instruments公司的UC1825为例，为了便于比较，我们会根据需要引用其他控制用芯片的数据表。

Texas Instruments的UC1825整体模块图如图4.31所示。

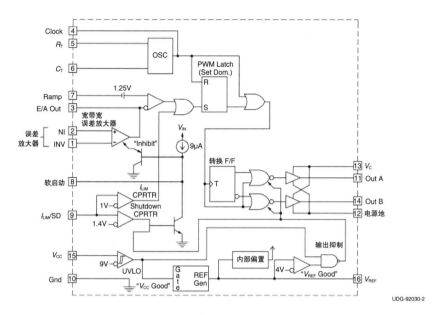

UC1825 High Speed PWM Controller　Mar-2004 Texas Instruments

图4.31　UC1825的原理图

4.2.1　设定开关频率和死区时间

开关内置所需的时钟振荡器。振荡器用简单的CR振荡器输出锯齿波。频率设定用的CR为外接，可以根据设计者的要求设定频率。

整体模块图中，振荡电路如图4.32所示。

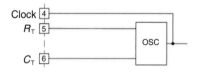

UC1825 High Speed PWM Controller　Mar-2004 Texas Instruments

图4.32　振荡电路

R_T和C_T分别是设定振荡频率用的电阻和电容器节点。关于Clock端子，可以在外部使用时钟，也可以监控时钟，但通常不需要。

UC1825中死区时间可以与C_T的电容器同时设定，这部分细节如图4.33所示。

死区时间完全取决于C_T，所以需要先确定C_T。

死区时间采用4.1节探讨过的数值，MOSFET IRHMS57160中是125ns。将此数值代入图4.33(b)，C_T接近1nF。要注意电容器的容量误差。这里使用的电容

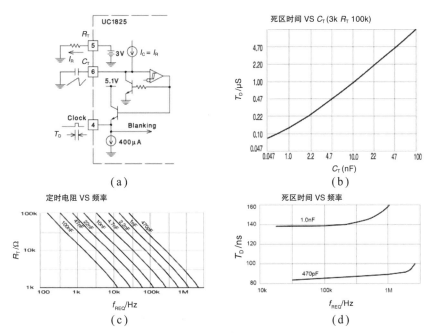

（a）

（b）

（c）

（d）

UC1825 High Speed PWM Controller　Mar-2004 Texas Instruments

图4.33　设定死区时间和频率

器通常是陶瓷电容器，其特点是小而轻，价格低廉。通常陶瓷电容器的误差为初始值 ± 10%，温度误差 ± 10%。两种误差相加为 ± 20%。此误差不可忽略。1nF 的容量减少20%就是0.8μF。这个数字接近1μF，因此可以使用。

将设定死区时间中计算的电容器C_T的值代入图4.33(c)，可以计算出电阻 R_T。设开关频率为100kHz，C_T为1nF。从图中可以看到电阻为1.6kΩ。在E24系列中则选择1.6kΩ电阻。

在死区时间中探讨过，电容器容量误差也会影响开关频率误差。根据电容器误差，频率会有 ± 20%的变化。频率本身略微的变化对开关并没有影响，但是频率变化会导致开关周期发生变化，所以开关周期与死区时间的比也发生变化，因此必须降低最大占空比。

C_T越大，此芯片的死区时间越大，同时开关周期也与C_T成比例增长，开关周期与死区时间的比不变，所以不必担心。

注意有的芯片需要分别设定死区时间和开关频率。

在此引用UC1825的电气特性的实例，如图4.34所示。

电气特性： 若无特殊说明，$R_T=3.65k$，$C_T=1nF$，$V_{cc}=15V$，$-55°C<T_A<125°C$，UC1825；$-40°C<T_A<85°C$，UC2825；$0°C<T_A<70°C$，UC3825，$T_A=T_J$

特性	测试条件	UC1825 UC2825			UC3825			单位
		MIN	TOP	MAX	MIN	TOP	MAX	
振荡部分								
初始精度	$T_J=2°C$	360	400	440	360	400	440	kHz
电压稳定性	$10V<V_{CC}<30V$		0.2	2		0.2	2	%
温度稳定性	$T_{MIN}<T_A<T_{MAX}$		5			5		%
总变分	线温度	340		460	340		460	kHz
振荡部分（cont.）								
时钟输出高		3.9	4.5		3.9	4.5		V
时钟输出低			2.3	2.9		2.3	2.9	V
Ramp Peak		2.6	2.8	3.0	2.6	2.8	3.0	V
Ramp Valley		0.7	1.0	1.25	0.7	1.0	1.25	V
Ramp Valley to Peak		1.6	1.8	2.0	1.6	1.8	2.0	V

UC1825 High Speed PWM Controller　Mar-2004 Texas Instruments

图4.34　频率变动

$R_T=3.65k\Omega$，$C_T=1nF$，目标为开关频率400kHz。$-55°C\sim+125°C$整个范围内有$\pm15\%$的误差。

UC1825的C_T端子通常连接7号端口，如图4.35所示。

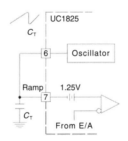

UC1825 High Speed PWM Controller　Mar-2004 Texas Instruments

图4.35　C_T端子的处理

三极管2N5672的死区时间是2μs。在图4.33(b)中，C_T接近22nF，值较大。在图4.33(c)中，设开关频率为30kHz，则电阻R_T约为2kΩ。这样也能工作，但图4.33(d)中R_T的范围是3kΩ～100kΩ，确保的死区时间不在数据表上，这一点值得注意。

UC1825的设计针对MOSFET驱动，以高开关频率为前提，只适合曾经风靡一时的Texas Instruments公司的TL494和Microsemi公司的SG1526等三极管，但现已停产。综上所述，如果死区时间、开关频率和开关周期难以选择，可以认为芯片不适合开关器件。

4.2.2 检测电压误差并放大误差

PWM IC的另一个功能是检测与基准电压之间的误差。脉宽受输出控制。

电压误差检测电路如图4.36所示。

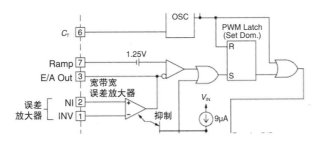

UC1825 High Speed PWM Controller Mar-2004 Texas Instruments

图4.36 电压误差检测电路

端子2，也就是NI，是Non Inverting的缩写，为非反相输入；端子3，也就是INV，是Inverting的缩写，为反相输入，等同于普通的运算放大器。端子3和E/A Out有放大器输出，向输入施加反馈，可以进行增益设定和频率特性补偿。

详细内容与电气特性如图4.37和图4.38所示。

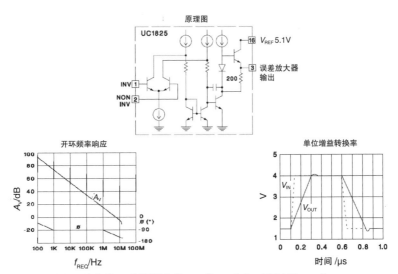

UC1825 High Speed PWM Controller Mar-2004 Texas Instruments

图4.37 电压误差检测的电气特性

电气特性：若无特殊说明，$R_T = 3.65\mathrm{k}$，$C_T = 1\mathrm{nF}$，$V_{cc} = 15\mathrm{V}$，$-55°\mathrm{C} < T_A < 125°\mathrm{C}$，UC1825；
$-40°\mathrm{C} < T_A < 85°\mathrm{C}$，UC2825；$0°\mathrm{C} < T_A < 70°\mathrm{C}$，UC3825，$T_A = T_J$。

特性	测试条件	UC1825 UC2825			UC3825			单位
		MIN	TOP	MAX	MIN	TOP	MAX	
误差放大部分								
输入失调电压				10			10	mV
输入偏置电流			0.6	3		0.6	3	μA
输入失调电流			0.1	1		0.1	1	μA
开环增益	$1\mathrm{V} < V_o < 4\mathrm{V}$	60	95		60	95		dB
CMRR	$1.5\mathrm{V} < V_{CM} < 5.5\mathrm{V}$	75	95		75	95		dB
PSRR	$10\mathrm{V} < V_{CC} < 30\mathrm{V}$	85	110		85	110		dB
输出灌电流	$V_{PIN\,3} = 1\mathrm{V}$	1	2.5		1	2.5		mA
输出拉电流	$V_{PIN\,3} = 4\mathrm{V}$	−0.5	−1.3		−0.5	−1.3		mA
输出高电压	$I_{PIN\,3} = -0.5\mathrm{mA}$	4.0	4.7	5.0	4.0	4.7	5.0	V
输出低电压	$I_{PIN\,3} = 1\mathrm{mA}$	0	0.5	1.0	0	0.5	1.0	V
单位增益带宽		3	5.5		3	5.5		MHz
电压转换速率		6	12		6	12		V/μs

UC1825 High Speed PWM Controller　Mar-2004 Texas Instruments

图4.38　电压误差检测的电气特性

开环增益，即Open Loop Gain高达95dB，所以0dB的增益对应2MHz以上的频率。既然内置如此高增益的放大器，就需要特别注意接地的高频电位的稳定性和印刷板的制作。

要严格遵守图4.39中数据表的注意事项。

Printed Circuit Board Layout Considerations　　　　　　　　　　**UC3825**

High speed circuits demand careful attention to layout and component placement. To assure proper performance of the UC1825 follow these rules: 1) Use a ground plane. 2) Damp or clamp parasitic inductive kick energy from the gate of driven MOSFETs. Do not allow the output pins to ring below ground. A series gate resistor or a shunt 1 Amp Schottky diode at the output pin will serve this purpose. 3) Bypass VCC, VC, and VREF. Use 0.1μF monolithic ceramic capacitors with low equivalent series inductance. Allow less than 1 cm of total lead length for each capacitor between the bypassed pin and the ground plane. 4) Treat the timing capacitor, CT, like a bypass capacitor.

UC1825 High Speed PWM Controller　Mar-2004 Texas Instruments

图4.39　实装的注意事项

在返回电位的接地板上进行整体安装是最理想的。此电路无需使用复杂的多层电路板，用双面电路板即可，其中一面整体作为返回电位。接地层的电位很敏感，我们将在后面的章节中详细介绍。

接下来是信号连接，如图4.40所示，误差放大器的电源电压为5V，所以输入点的电压取中间值，2.5V。

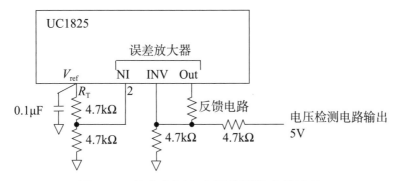

图4.40 基准电压和电压检测输出的连接

误差检测的基准是电压源，通常将电压源V_{ref}连接非反相输入NI，电压检测电路输出连接反相输入INV，结构简单。

电阻器绝对值的选择范围较大，但推荐使用此处数值。在标记为反馈电路部分加入反馈电阻器，再设定增益，我们采用易于买到并接近上限的电阻值300kΩ，则增益接近放大器的开环增益95dB时电阻约为3kΩ。这是因为此时更容易设定增益。5V对应10kΩ，则电流为0.5mA，不会成为供给源的负载。

使从非反相输入NI端子看的合成电阻值和从反相输入INV端子看的合成电阻值相等。与运算放大器输入电阻的处理方式相同。但无须完全一致，大约相等即可。

4.2.3 误差检测用基准电源

为了控制输出电压不变，需要稳定电源作为参照，这就是基准电源。设一次电源电压为28V，PWM DC-DC电源用控制芯片大多为5V。它既是基准电源，同时也是芯片内部电路电源。但并非所有器件都是如此，具体要参照数据表。

基准电源如图4.41所示。

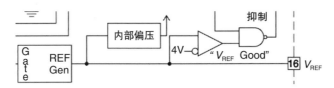

UC1825 High Speed PWM Controller　Mar-2004 Texas Instruments

图4.41 基准电源

基准电源的电气特性如图4.42所示。

电气特性：若无特殊说明，$R_T = 3.65k$，$C_T = 1nF$，$V_{cc} = 15V$，$-55°C < T_A < 125°C$，UC1825；$-40°C < T_A < 85°C$，UC2825；$0°C < T_A < 70°C$，UC3825，$T_A = T_J$

特性	测试条件	UC1825 UC2825			UC3825			单位
		MIN	TOP	MAX	MIN	TOP	MAX	
参考值								
输出电压	$T_O = 25°C$，$I_O = 1mA$	5.05	5.10	5.15	5.00	5.10	5.20	V
线性调整率	$10V < V_{CC} < 30V$		2	20		2	20	mV
负载调整率	$1mA < I_O < 10mA$		5	20		5	20	mV
温度稳定性	$T_{MIN} < T_A < T_{MAX}$		0.2	0.4		0.2	0.4	mV/°C
总输出变化	线性负载温度	5.00		5.20	4.95		5.25	V
输出噪声电压	$10Hz < f < 10kHz$		50			50		μV
长期稳定性	$T_J = 125°C$, 1000hrs		5	25		5	25	mV
短路电流	$V_{REF} = 0V$	-15	-50	-100	-15	-50	-100	mV

UC1825 High Speed PWM Controller　Mar-2004 Texas Instruments

图4.42　基准电源的电气特性

总输出变化（total output variation）包含线性调整率（line regulation）、负载调整率（load regulation）和温度稳定性（temperature stability），但并不是简单的数字叠加。

线性调整率的最大值为20mV，负载调整率的最大值为20mV，温度稳定性的最大系数为0.4mV/°C，温度范围是125°C−(−55°C) = 180°C，0.4mV/°C × 180°C = 72mV，合计20mV+20mV+72mV = 112mV，加上输出电压的最大值5.15V，得到5.26V，大于5.20V。即使温度稳定性系数为0.2，电压也会稍微变大为5.22V。

如果用电压几乎稳定的电源驱动，线性调整率可以忽略不计，负载几乎不变，所以负载调整率也可以忽略，只剩下温度带来的变化，在温度带来的变化较大时关注即可。

V_{ref}相对于二次输出电压的变动如下：

$$\Delta V_{out} = V_{out} \cdot \frac{\Delta V_{ref}}{V_{ref}}$$

假设输出电压为15V，V_{ref}的标称值变化范围是5.10 ± 0.05V，则

$$\Delta V_{out} = 15V \times \frac{0.05V}{5.1V} = 0.15V$$

因此，输出电压的标称值为15 ± 0.15V，这个数值源自器件的个体差异，可以视成品数值不变。

如果V_{ref}的标称值变化范围是$5.10 \pm 0.1V$，则

$$\Delta V_{out} = 15V \times \frac{0.1V}{5.1V} = 0.29V$$

虽然在这种最坏的情况下仍然可以工作，但其中并非交流电，电源输出不具备振荡性质。

4.2.4　产生开关信号

对于误差放大器的输出和锯齿波产生的开关信号，我们作为使用者无从下手，这是内部设计使然。

开关信号产生电路如图4.43所示。

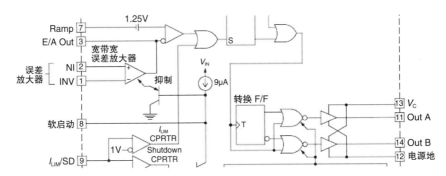

UC1825 High Speed PWM Controller　Mar-2004 Texas Instruments

图4.43　开关信号产生电路

图4.43中的Toggle F/F用于分隔开关信号A和B，使A和B交替输出脉冲，配合推挽驱动。

4.2.5　开关器件驱动

开关器件驱动电路用于驱动开关器件三极管的基极或FET的栅极，具体电路如图4.44所示。

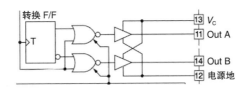

UC1825 High Speed PWM Controller　Mar-2004 Texas Instruments

图4.44　开关器件驱动电路

关于输出级的说明如图4.45所示，Hi时电源直接驱动，Lo时吸收至地。虽然二者都是三极管开关，但压降不是零，如图4.45(d)所示，其实压降很大。

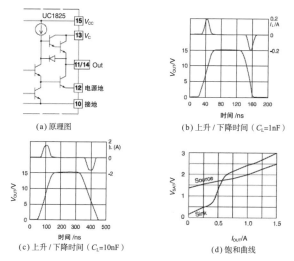

(a) 原理图 　　　　　(b) 上升 / 下降时间（C_L=1nF）

(c) 上升 / 下降时间（C_L=10nF）　　　(d) 饱和曲线

UC1825 High Speed PWM Controller　Mar-2004 Texas Instruments

图4.45　驱动输出特性

驱动输出的电气特性如图4.46所示。

电气特性：若无特殊说明，R_T=3.65k，C_T=1nF，V_{cc}=15V，−55℃<T_A<125℃，UC1825；−40℃<T_A<85℃，UC2825；0℃<T_A<70℃，UC3825，T_A=T_J

特性	测试条件	UC1825 UC2825			UC3825			
		MIN	TOP	MAX	MIN	TOP	MAX	单位
输出部分								
输出低电平	I_{OUT}=20mA		0.25	0.40		0.25	0.40	V
	I_{OUT}=200mA		1.2	2.2		1.2	2.2	V
输出高电平	I_{OUT}=−20mA	13.0	13.5		13.0	13.5		V
	I_{OUT}=−200mA	12.0	13.0		12.0	13.0		V
集电极漏电流	V_C=30V		100	500		10	500	μA
上升 / 下降时间	C_L=1nF		30	60		30	60	ns

UC1825 High Speed PWM Controller　Mar-2004 Texas Instruments

图4.46　驱动输出的电气特性

驱动MOSFET栅极时，除瞬态之外，几乎没有电流，此数据几乎派不上用场。我们可以用它检查栅极–源极间的电阻中的电流是否确保了输出电压。

驱动FET时，确保较大的输入电容的充放电电流十分重要，这时要对照绝对最大额定值。

由图4.47可知，0.5A直流、0.5s脉冲下电流为2.0A。可以看出，2.0A这一大数值是针对FET的栅极驱动制作的。80%的降额下要取1.6A的电流使用。

绝对最大额定值（Note 1）
工作电压（Pins 13, 15）..30V
输出拉电流／输出灌电流（Pins 11, 14）
DC 0.5A
脉冲（0.5 s）..2.0A

UC1825 High Speed PWM Controller　Mar-2004 Texas Instruments

图4.47　驱动输出的绝对最大额定值

下面思考FET的栅极驱动电路。

栅极导通时，OUT端子输出PWM IC的电源电压。FET的输入电容的电荷为零，所以相当于FET的栅极被RTN短路。这时要在栅极插入串联电阻以抑制电流，避免PWM IC的栅极驱动电流超过绝对最大额定值。

栅极驱动电路如图4.48所示，FET采用International Rectifier的IRHMS57160。

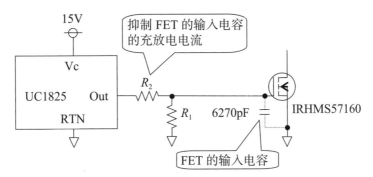

图4.48　栅极电阻的设定

设PWM IC的电源电压为15V，UC1825的绝对最大额定值为2.0A，降额80%，采用1.6A。

为了使输出端子Out流出的电流不超过1.6A，串联电阻R_2的值应为

$$R_2 = \frac{15V}{1.6A} = 9.4\Omega \rightarrow 9.1\Omega \,(E24系列)$$

严格地说，取9.1Ω时电流略大于1.6A，但只超出0.05A，误差3%，在实用上不成问题。

通过此电阻值能够决定开关导通的时间常数和开关关断的时间常数。时间常数为

$$9.1\Omega \times 6270pF = 57ns$$

如果波形为上升时间常数的3倍，则值为171ns，较大。驱动信号的上升和下降需要这么长时间，说明不是方波，而是梯形波。

开关导通时，为了给FET的输入电容充电，需要提供巨大的电流。但我们很难找到能提供1.6A或2A这种大电流的电源，所以要依赖于电容器组。如图4.49所示，将电容器安装在PWM IC的电源端子附近，以提供充电电流。

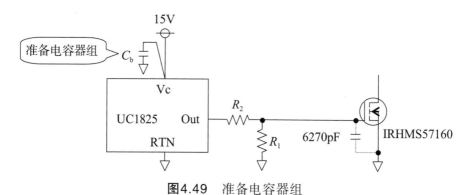

图4.49　准备电容器组

保证充足的充放电电流对FET驱动十分重要，要准备短而粗的配线，以便忽略电路配线的电感。

充电时的电流路径为：

电容器组C_b→PWM IC电源端子V_c→PWM IC输出端子Out→电流限制电阻R_2→FET栅极→FET源极→电容器组C_b

放电时的电流路径为：

FET栅极→电流限制电阻R_2→PWM IC输出端子Out→PWM IC RTN→FET源极

我们需要考虑器件的安装位置，尽可能使上述路径变短，图形也要粗而短。

需要注意的是，电流沿闭合路径从功率源流出再流回到功率源才可以工作，不要忘记电流的回流路径。

电感L产生的电压计算如下：

$$V_L = L \cdot \frac{\mathrm{d}i}{\mathrm{d}t}$$

设配线的电感为0.1μH。电流变化为1.6A，栅极电路的时间常数为57ns时，则产生的电压为

$$V_L = L \cdot \frac{\mathrm{d}i}{\mathrm{d}t} = 0.1\mu\mathrm{H} \times \frac{1.6\mathrm{A}}{57\mathrm{ns}} = 2.81\mathrm{V}$$

如果电感为0.5μH，电压会超过10V，导致栅极无法施加电压。

4.2.6 设定软启动

软启动可以使电源在开启的一瞬间不产生过大电流，而缓慢启动，其原理如图4.50所示。

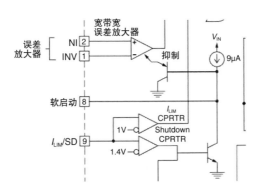

UC1825 High Speed PWM Controller　Mar-2004 Texas Instruments

图4.50　软启动

数据表中并未注明安装方式，我们应该在8号端子、Soft Start和RTN之间连接电容器。图4.50的右上角有9μA的恒流源，它会为电容器充电，争取时间。

软启动的电气特性如图4.51所示。

电气特性：若无特殊说明，$R_T = 3.65\mathrm{k}$，$C_T = 1\mathrm{nF}$，$V_{cc} = 15\mathrm{V}$，$-55°\mathrm{C} < T_A < 125°\mathrm{C}$，UC1825；$-40°\mathrm{C} < T_A < 85°\mathrm{C}$，UC2825；$0°\mathrm{C} < T_A < 70°\mathrm{C}$，UC3825，$T_A = T_J$

特性	测试条件	UC1825 UC2825			UC3825			单位
		MIN	TOP	MAX	MIN	TOP	MAX	
软启动部分								
充电电流	$V_{PIN8} = 0.5\mathrm{V}$	3	9	20	3	9	20	μA
放电电流	$V_{PIN8} = 1\mathrm{V}$	1			1			mA

UC1825 High Speed PWM Controller　Mar-2004 Texas Instruments

图4.51　软启动的电气特性

准确地说，恒流源并非9μA，而是最小3μA，最大20μA，可见上升时间无法精确控制，上升较缓慢。

下面来估算恒流源I_c为电容器C充电，电容器端电压达到E_s时的时间t：

$$I_s \cdot t = C \cdot E_s$$

由此计算时间为

$$t = C \cdot \frac{E_s}{I_s}$$

设电容器的容量为1μF，电压E_s取电气特性的充电测试条件中的0.5V，电流取9μA，则

$$t = C \cdot \frac{E_s}{I_s} = 1\mu F \times \frac{0.5V}{9\mu A} = 56ms$$

上升接近60ms。

电源关断时，电容器的电荷必须迅速释放。请看电气特性的放电电流，最小1mA，约为充电电流9μA的100倍，所以估算放电所需的时间约为充电的1%。

4.2.7 检测和关断过电流

过电流检测电路具有发生过电流时关断开关、防止一次电源短路的功能，其原理如图4.52所示。

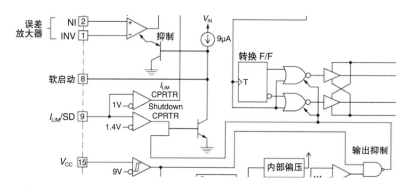

UC1825 High Speed PWM Controller Mar-2004 Texas Instruments

图4.52 过电流检测电路

9号端口（I_{LIM}/SD）是电流检测端子。在开关电路中插入电流检测电阻，监控电流。其中包含两个变换器，电流增加时，限幅器率先工作，抑制开关的占空比增加。如果电流继续增加，则切断开关输出。

过电流检测电路电气特性如图4.53所示。

过电流检测电路的结构如图4.54所示。

电流检测电阻R_s通过电流限制阈值除以限制电流值来计算。

电气特性：若无特殊说明，$R_T = 3.65k$，$C_T = 1nF$，$V_{cc} = 15V$，$-55°C < T_A < 125°C$，UC1825；$-40°C < T_A < 85°C$，UC2825；$0°C < T_A < 70°C$，UC3825，$T_A = T_J$

特性	测试条件	UC1825 UC2825			UC3825			
		MIN	TOP	MAX	MIN	TOP	MAX	单位
电流限制 / 关断								
Pin9 偏置电流	$0 < V_{PIN9} < 4V$			15			10	μV
电流限制阈值		0.9	1.0	1.1	0.9	1.0	1.1	V
锁定阈值		1.25	1.40	1.55	1.25	1.40	1.55	V
延时输出			50	80		50	80	ns

UC1825 High Speed PWM Controller　Mar-2004 Texas Instruments

图4.53　过电流检测电路的电气特性

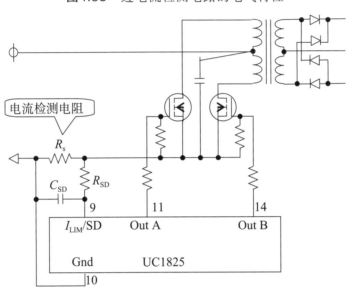

图4.54　过电流检测电路的结构

用最小阈值0.9A限制后，电阻R_s为1Ω。阈值通常为1.0V，所以实际受1A的限制。关断电压为1.4V，所以在电流达到1.4倍时启动。

电流检测电阻和PWM IC端子间插入的电阻R_{SD}用于电路绝缘。理论上只要读出电压即可，使用大电阻也没关系，但是PWM IC端子的偏置电流产生的压降会带来误差。偏置电流最大15μA，设电阻R_{SD}为10kΩ，则产生的误差为10kΩ × 15μA = 0.15V。阈值约为1V，此误差不可忽略，电阻不能超过1kΩ。

为了在PWM IC输入点降低高频电位，电容器C_{SD}采用0.1μF的陶瓷电容器即可。

这里需要注意的是，电流检测电阻插入电源地后，开关电路的返回电位与PWM IC不同。直流上约有1V的差距，但本身不会发生工作故障。可是FET的栅极驱动电压或三极管的基极驱动电流会发生变化，因此驱动电路必须能够应对这部分变化。

4.2.8 电源电压

PWM IC的电源电压范围较广，大多数PWM IC以15V为工作前提，电气特性条件也显示电源电压15V。Texas Instruments公司的UC1825，Microsemi公司的SG1526，以及停产的Texas Instruments公司的TL494的电气特性数据都显示电压为15V。

如果输入电压的绝对最大额定值为40V或41V，则一次电源电压范围小于40V时虽然可以使用，但需要准备PWM IC专用电源，理由如下：电源电压直接作为开关器件的驱动信号时，电压变化直接表现为驱动信号变化，MOSFET驱动时可能超过栅极电压的容许值，三极管基极电流过剩，加大了开关器件驱动设计的难度，而且以15V为前提的PWM IC的制造商数据表中的数据无法直接使用。

示例中的UC1825能够监控自己的电源电压，9V以上可以工作，所以电源下限值为9V。并非所有PWM IC都具备这一功能，需要确认数据表。

4.2.9 实 例

PWM IC电路如图4.55所示，该示例未展示设计的前提条件，只能参考如何配置周边器件。

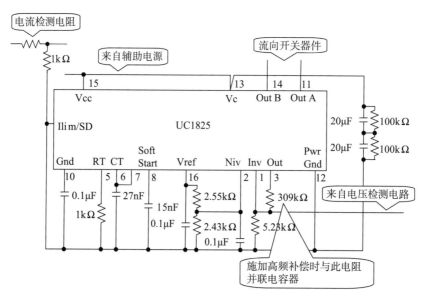

图4.55 PWM IC电路实例

误差放大器的增益取决于图中的反馈电阻309Ω，以及电压检测电路的输出电阻。增益越高，电压控制精确度越高，但可能会引起工作不稳定。通常我们设定为100倍，即40dB。设计为这个数值，可以避免发生故障。由于工作不稳定，我们在想要进行高频补偿时要与反馈电阻并联插入电容器。当发生振荡时，首先要检查电压检测信号是否完全整流，尖峰信号是否处理完善，然后再进行高频补偿。

4.3　辅助电源

PWM IC用15V的直流电源驱动。

PWM IC的电源电压最大值有30V、40V、41V等。理论上说，只要在一次电源电压的容许范围之内就可以直接使用，但开关电路的驱动条件随电源电压变化，FET可能超过容许栅极电压，三极管可能产生过剩的基极电流，增加开关器件的驱动设计难度，所以我们通常使用PWM IC专用的辅助电源。

所有制造商的PWM IC的电气特性都显示电源电压为15V，所以我们设辅助电源的输出电压为15V。但并非要准确地设定为15V，大约数值即可。

辅助电源用于一次电源侧，周围环境较差，旁边即是切碎直流的开关电路。为了不受恶劣环境的影响，电路结构的大原则是简洁钝化，忽略低效率问题。

4.3.1　辅助电源电路

首先设定负载，以4.2节中的UC1825为例，如图4.56所示。

电气特性： 若无特殊说明，$R_T = 3.65k$，$C_T = 1nF$，$V_{cc} = 15V$，$-55°C < T_A < 125°C$，UC1825；$-40°C < T_A < 85°C$，UC2825；$0°C < T_A < 70°C$，UC3825，$T_A = T_J$

特性	测试条件	UC1825 UC2825			UC3825			单位
		MIN	TOP	MAX	MIN	TOP	MAX	
工作电流								
启动电流	$V_{CC} = 8V$		1.1	2.5		1.1	2.5	mA
I_{CC}	V_{PIN1}, V_{PIN7}, $V_{PIN9} = 0V$; $V_{PIN2} = 1V$		22	33		22	33	mA

UC1825 High Speed PWM Controller　Mar-2004 Texas Instruments

图4.56　PWM IC的电源要求

使用最大电流33mA。开关器件的驱动电流不包含在内，所以需要叠加。FET的栅极驱动中，除启动和关断的瞬态外几乎不需要电流。三极管则必须加入基极电流部分。例题中取40mA。

1. 15V齐纳二极管和电阻

最简单的电路只含电阻和齐纳二极管，如图4.57所示。

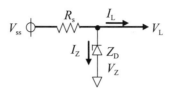

图4.57 只有齐纳二极管的恒压电路

设定负载电流 I_L 略大于负载电流。选择齐纳电压 V_Z 为 15V 的齐纳二极管 Z_D。

电阻 R_S 的值由下式决定：

$$R_S = \frac{V_{SS} - V_z}{I_L}$$

其中，V_{SS} 是电源电压。

电源电压20V，齐纳电压15V，负载电流40mA时，电阻 R_S 的值为

$$R_S = \frac{V_{SS} - V_z}{I_L} = \frac{20V - 15V}{40mA} = 125\Omega$$

此电路的问题在于齐纳二极管需要大功率器件。

设串联电阻 R_S 为125Ω，电源电压为40V，则齐纳二极管中的电流为

$$I_z = \frac{V_{SS} - V_z}{R_S} = \frac{40V - 15V}{125\Omega} = 200mA$$

是电源电压为20V时的5倍，耗电较大（15V×200mA＝3W）。

设齐纳二极管的损耗降额为40%，则需要 $\frac{3W}{0.4} = 7.5W$ 的大功率，无法实用化。

此电路工作时齐纳电流和负载电流的和不变，所以有负载电流时齐纳二极管的损耗降低。但40V时电流为200mA，即使减少负载电流40mA，减少量也微不足道。

2. 15V齐纳二极管和三极管

如果采用齐纳二极管和电阻的组合，需要齐纳二极管来保证大于负载电流的电流始终通过。如果采用齐纳二极管和三极管的组合，齐纳二极管就无须对负载电流负责，如图4.58所示。

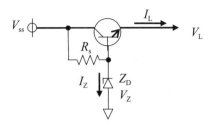

图4.58 三极管组合的恒压电路

此电路中只需要齐纳二极管确保三极管基极驱动所需的电流即可,所以小容量就够用。三极管可以承受损耗。

此电路看似能够实用化,但如果最小电源电压和齐纳电压的差过小,则最大电源电压下齐纳电流虚高,这一点与齐纳二极管和电阻的组合相同,齐纳二极管的电流仍然难以设计。

此电路中,输出电压不等于齐纳电压。齐纳电压与三极管的基极–发射极间电压(约0.6V)的差才是输出电压。

3. 低电压齐纳二极管和三极管

电源电压变化时,为了减少齐纳电流的变化,需要降低齐纳电压。

设齐纳电压为5V,电源电压为20V时,齐纳电流为5mA,则串联电阻值为

$$R_s = \frac{V_{SS} - V_z}{I_L} = \frac{20V - 5V}{5mA} = 3k\Omega$$

电源电压为40V时,齐纳电流为

$$I_z = \frac{V_{SS} - V_z}{R_S} = \frac{40V - 5V}{3k\Omega} = 11.7mA$$

所以电源电压为20V和40V时,齐纳电流的比大于2倍。这样一来,齐纳电流设计就较为容易了。

增加了误差放大三极管的恒压电路如图4.59所示,这就是所谓的串联调整器。

三极管Q_2作为误差放大器工作。发射极通过齐纳二极管保持稳压。输出电压由电阻R_1和R_2分压,输入Q_2的基极。基极电压和发射极电压的差分使Q_2的集电极电流发生变化,电阻R_S的压降控制Q_1的基极。电路有负反馈,所以输出电压等于齐纳电压——严格地说是齐纳电压与三极管Q_2的基极–发射极间电压的和。

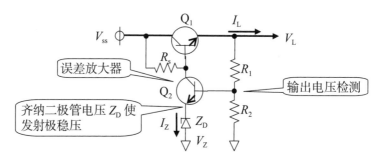

图4.59　增加了误差放大三极管的恒压电路

设定三极管Q_2的负载电阻R_s的值时要注意确保三极管Q_1的基极电流和齐纳二极管的电流。

齐纳电压越低，电源电压的变化带来的齐纳二极管的电流变化越小，但是齐纳电压为5V时二极管的电压稳定性良好，拐点特性也良好，因此就采用约5V的二极管。

4.3.2　栅极充电的应对措施

FET的栅极驱动要解决栅极–源极间电容器的充放电问题。辅助电源必须有充足的电流，能够瞬时为完全放电后的栅极–源极间电容器充电。

近年来PWM IC都可用于FET驱动，短时间内输出级电流的绝对最大额定值可达2A。但如果需要始终供给2A电流，则需要大型辅助电源，如果只用于导通瞬间供电，在辅助电源输出点使用电容器组即可，如图4.60所示。

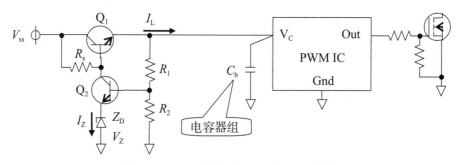

图4.60　FET栅极充放电的应对措施

两个电容器并联时的电压等于双方电荷之和除以合成容量值，再根据上述数值决定电容器组容量。

设FET的输入电容为C_i，电容器组容量是FET输入电容的n倍，即$n \cdot C_i$。导通驱动开始之前，FET输入电容的电荷为零，电压为V_L，电容器组的电压为$n \cdot C_i \cdot V_L$。

导通时两个电容器并联，端电压等于导通之前的电荷量除以并联的电容器的总容量，即

$$V = \frac{n \cdot C_i \cdot V_L}{C_i + n \cdot C_i} = \frac{n}{n+1} \cdot V_L$$

此电压组满足开启FET即可。

设$V_L = 15V$，请看n对应的电压V。

10V电压就可以满足FET导通的条件，看来小容量电容器组即可。略大于所需的最小量比较妥当。请在电路实际工作时用示波器观察栅极电压并检查。

International Rectifier的IRHMS57160的输入电容如图4.24所示，容量为6270pF，电容器组预备10倍容量就要选择E12或E6系列，0.068μF。

当然，电容器必须在开关再次导通之前充电完毕。计算之后可知，不需要太大电流，不必调整辅助电源。

电解电容器可以储藏大量电能，但电解电容器达到1MHz后无法继续作为电容器工作，所以使用电解电容器时要并联一个0.1μF左右的陶瓷电容器。

在FET导通的瞬间，电容器组是电源，所以电容器组要安装在离FET最近的位置，不能安装在辅助电源的出口，而要紧挨PWM IC的电源端子。

4.2节中也有说明，确保瞬态电流流入FET的栅极十分重要，所以要抑制电容器组和FET的栅极之间的配线、FET的源极和电容器组的地之间的配线的电感，也就是说，安装时要注意选择短而粗的配线。

4.4 电压检测

确保输出电压不变，即调整电压，需要检测输出电压并施加反馈。必须得到高品质且正确的平均值才能用于电压控制。正如在第2章探讨过的，PWM DC-DC电源在轻负载下很难获得优质的平均值，我们需要多加研究。

4.4.1 CR平均值电路

电压检测电路控制需要准确、高品质的平均电压值，几乎不需要电流或功率。负载电流较小，要想得到较高的时间常数，必须增大电感。电感越大，电感器的体积和质量越大，制作电感器本身的难度也会增加。而高数值电阻和电容器

就十分简单，也方便购买。我们要在几乎不需要负载电流的前提下，考虑电容器输入时如何获得正确的平均值。

1. 电　路

电容器输入电路如图4.61所示。

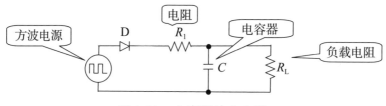

图4.61　电容器输入电路

平均化的条件是整流电路的充放电时间常数相等。

充电时间常数τ_1如下：

$$\tau_1 = C \cdot (R_L \| R_1) = C \cdot \cfrac{1}{\cfrac{1}{R_L} + \cfrac{1}{R_1}} = CR_L \cdot \cfrac{R_L}{1 + \cfrac{R_L}{R_1}}$$

而放电时间常数τ_2为

$$\tau_2 = C \cdot R_L$$

很明显，$\tau_1 \neq \tau_2$。要想实现$\tau_1 = \tau_2$，只能$R_L \ll R_1$。也就是说，功率源的电阻R_1必须远远大于负载电阻R_L。既然以电压检测为目的，不需要电流，所以电阻R_1可以取大值，但输出电压被电阻R_1和负载电阻R_L分压，导致无法得到输出电压。

2. 整流条件的成立

完全遵照原理电路的话，充放电时间常数必然不同，需要增加开关，在充放电时切换电路，使条件成立。

首先考虑无负载的情况，电路结构如图4.62所示。

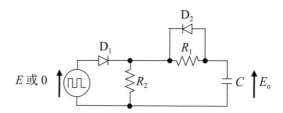

图4.62　增加二极管开关和放电电阻

充电电阻R_1与二极管开关并联，在整流二极管的输出点增加电阻R_2。

充电循环的电流路径如图4.63所示。

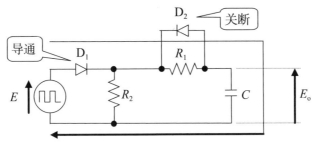

图4.63 充电循环的电流路径

负载电压E_o是电源电压的平均值，必然低于电源电压E，所以二极管D_2关断（反向偏置），电容器C通过R_1充电。电流从变压器流入R_2，但与电容器的充电无关。充电时间常数$\tau_1 = C \cdot R_1$。

放电循环的电流路径如图4.64所示。

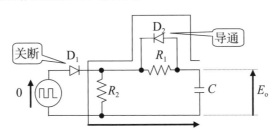

图4.64 放电循环的电流路径

电源电压为零，电容器维持平均电压，二极管D_2导通，放电电流通过R_2。电阻R_1与放电无关。二极管D_1反向偏置，电源与放电电路分离。放电时间常数$\tau_2 = C \cdot R_2$。

如果$R_1 = R_2$，则$\tau_1 = \tau_2$成立。

此电路的优势在于，即使加上负载电阻R_L，也能确保$\tau_1 = \tau_2$的关系，如图4.65所示。

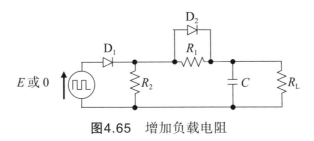

图4.65 增加负载电阻

充电循环的电流路径如图4.66所示。

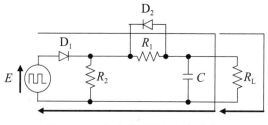

图4.66　充电循环的电流路径

电源电压E被电阻R_1和负载R_L分压，为电容器C充电，等效电路如图4.67所示（使用戴维南定理）。

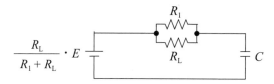

图4.67　充电循环的等效电路

为电容器C充电的电源的输出电压是$\dfrac{R_L}{R_1+R_L}\cdot E$，内阻由$R_1$和$R_L$并联组成，充电时间常数$\tau_1$为

$$\tau_1 = C\cdot(R_1 \| R_L) = C\cdot\dfrac{1}{\dfrac{1}{R_1}+\dfrac{1}{R_L}}$$

放电循环的电流路径如图4.68所示。

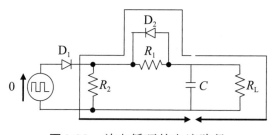

图4.68　放电循环的电流路径

电流通过二极管D流入R_2的同时也流入R_L。也就是说，电容器的负载是电阻R_2和电阻R_L并联组成的，放电时间常数τ_2为

$$\tau_2 = C\cdot(R_2 \| R_L) = C\cdot\dfrac{1}{\dfrac{1}{R_2}+\dfrac{1}{R_L}}$$

如果 $R_1 = R_2$，则 $\tau_1 = \tau_2$ 成立，也就是说，得到平均值的整流条件与 R_L 值大小无关。

3. 误差因素

（1）二极管的关断时间。导通的二极管去掉偏置后也不会立即关断。二极管 D_1 在放电循环开始时电容器 C 为短路形式。开关二极管 D_2 在充电循环开始时电阻 R_1 短路。因此需要选择关断时间对于开关周期来说极小的二极管。近年来，整流用二极管的关断时间大多较短，为 30ns 或 10ns。设这种二极管的开关频率为 100kHz，则周期为 10μs，二极管的开关时间可以忽略不计。

（2）二极管的漏电流。二极管 D_1 与 R_2 并联，开关二极管 D_2 与 R_1 并联，分别成为产生误差的因素，不过只要选择漏电流较小的二极管就可以忽略不计。近年来的二极管几乎都可以忽略，只要选择上没有太大的错误。

（3）变压器的串联电阻。此电路的前提是没有电流负载，所以选择电阻值较大的 R_1 和 R_2 就可以忽略变压器的串联电阻。

（4）二极管的电压降。二极管的压降 V_d 至少要视作最小带隙，约为 0.6V。要想忽略压降，如果设电压为 100 倍，则需要变压器输出约 60V 的平均电压，占空比为 40% 时电压为 150V，并不现实，因此需要深入探讨压降。

首先思考整流二极管 D_1，设电源电压为 E，如果目标平均值是 E_o，则 $E_o = d \cdot E$。充电循环中通过电源电压 E 与整流二极管 D_1 的压降 V_d 的差值来充电，因此输出电压 $E_{ave} = d \cdot (E - V_d) = E_o - d \cdot V_d$，产生 $d \cdot V_d$ 的误差。全桥型整流电路的 V_d 是它的 2 倍。

接下来思考开关二极管 D_2。开关二极管 D_2 的压降会减少放电循环的放电量，因此会提高输出电压。通过连接 R_1 和 C 的串联电路时的输出平均值解析二极管压降 V_d 的恒压电源。放电循环的占空比为 $(1 - d)$，所以平均值为 $(1 - d) \cdot V_d$。

将整流二极管 D_1 和开关二极管 D_2 的效果相加，则输出为

$$V_{ave} = E_o - d \cdot V_d + (1 - d) \cdot V_d = E_o + (1 - 2d) \cdot V_d$$

事先没有说明的一个前提是，整流用和开关用的二极管压降都是 V_d，这是因为大概率会使用同类二极管。

4. 二极管压降的补偿

考虑到二极管的压降时，输出电压如下：

$$V_{ave} = E_o + (1-2d) \cdot V_d$$

第二项"$(1-2d) \cdot V_d$"表示误差。误差量会随占空比变化，所以也会随一次电源电压而变化。也就是说，线性调整率恶化。

想要忽略误差项，就需要提高E_o，即增加变压器的输出电压，但实际上无法增加太多。后面我们会说到，5V左右是实际便于使用的数值。二极管的压降V_d是0.6V，相对于5V来说接近于10%，数值较大。幸运的是，我们有办法消除这个误差。

一次电源电压上升时，占空比减少，因为输出电压为$V_{ave} = E_o + (1-2d) \cdot V_d$，所以占空比减少时，输出电压$V_{ave}$上升。

因此占空比减少时，要通过降低E_o来补偿。也就是利用了$\tau_1 > \tau_2$，即充电时间常数大于放电时间常数时，占空比较小的部分输出降低的性质。

表2.1展示了设定$\dfrac{\tau_2}{\tau_1}$时占空比对应的输出电压的变化，计算方法请参照第2章。

补偿过程如下：计算最大占空比d_1和最小占空比d_2时各电路的输出电压V_{ave1}和V_{ave2}。顺便算出V_{ave1}和V_{ave2}的比，在表2.1中找到能得到此比值的系数，然后计算此比值对应的常数比，用这个常数调整放电电阻R_2的值。

下面我们通过例题来确认补偿过程。

请看开关周期为25μs的变换器，如图4.69所示，一次电源电压为20～40V，占空比相应设定为0.8～0.4，设输出E_{ave}为5V，负载电阻是两个2.49Ω的电阻串联。因整流用二极管的压降为0.6V，所以设变压器的输出电压E_o为5.6V。

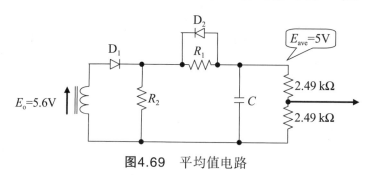

图4.69　平均值电路

负载电阻约为5kΩ。为了使负载电阻不随时间常数变化，设定R_1小于负载电阻。假设容许10%的误差，5kΩ的负载电阻的十分之一是499Ω。

开关周期为25μs。设时间常数为它的1000倍，即25ms。整流的品质良好，但作为伺服回路要素则略显迟钝。100倍或200倍也能获得相应的品质，我们设为200，时间常数为$25\mu s \times 200 = 5ms$。R_1为499Ω，所以电容器C的值为$10\mu F$。

下面计算V_{ave}，设二极管的压降为0.6V。

$$V_{ave1} = E_o + (1-2d) \cdot V_d = 5.6V + (1-2\times0.8)\times0.6V = 5.24V$$

$$V_{ave2} = E_o + (1-2d) \cdot V_d = 5.6V + (1-2\times0.4)\times0.6V = 5.72V$$

V_{ave2}和V_{ave1}的比为

$$\frac{V_{ave2}}{V_{ave1}} = \frac{5.72V}{5.24V} = 1.09$$

找到表4.1中占空比为0.8和0.4，输出比为1.09时对应的$\frac{\tau_2}{\tau_1}$。

表4.1　$\frac{\tau_2}{\tau_1}$不变，占空比对应的归一化输出电压

$\frac{\tau_2}{\tau_1}$	d								
	0.1	0.2	0.3	0.4	0.5	0.6	0.7	0.8	0.9
1.0	1	1	1	1	1	1	1	1	1
0.9	0.909	0.918	0.928	0.938	0.947	0.957	0.968	0.978	0.989
0.8	0.816	0.833	0.851	0.870	0.889	0.909	0.930	0.952	0.976
0.7	0.722	0.745	0.769	0.795	0.824	0.854	0.886	0.921	0.959
0.6	0.625	0.652	0.682	0.714	0.750	0.789	0.833	0.882	0.938
0.5	0.526	0.556	0.588	0.625	0.667	0.714	0.769	0.833	0.909
0.4	0.426	0.455	0.488	0.526	0.571	0.625	0.690	0.769	0.870

注：此表节选自表2.1。

$\frac{\tau_2}{\tau_1} = 0.8$时，$\frac{V_{ave1}}{V_{ave2}} = \frac{0.952}{0.870} = 1.09$，由此可知，二者能够互相抵消。

设放电时间常数为充电时间常数的0.8，$R_2 = R_1 \times 0.8$。R_1为499Ω，所以R_2为$499\Omega \times 0.8 = 399\Omega$，取$390\Omega$。

平均值电路常数设定如图4.70所示。

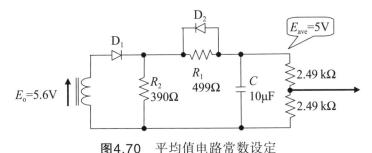

图4.70　平均值电路常数设定

请看电压检测电路的实例。

针对电源电压范围 20 ~ 40V，设定占空比为最大 80%，最小 40%，开关周期为 25μs。

起初整流电路是扼流圈输入，输出电压为 5V，二极管的压降为 0.6V，变压器的平均输出电压为它们的和，即 5.6V。电感器 L 是 280mH，负载电阻是 5kΩ，并联电容器是 0.47μF。

实验结果显示，输出叠加了振幅较小、但高于 400Hz 的振荡。将电容器值从 0.47μF 降至 0.1μF，在控制电路的误差放大器中施加控制高频的补偿后就可以抑制振荡。

线性调整率结果如图 4.71 所示，此电源为 5V 输出，数据是其中一个 13.5V 输出电压的测量结果。

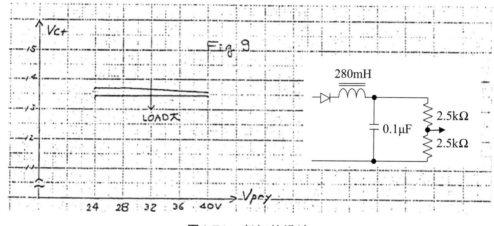

图 4.71　起初的设计

振荡的原因是整流品质较差。

电感为 280mH，负载电阻为 5kΩ 时，时间常数 $\tau = \dfrac{280\text{mH}}{5\text{k}\Omega} = 56\mu\text{s}$，只有开关周期的 2 倍。输出信号的品质较差，脉冲电流有残留，开关发生抖动，以电感器和电容器决定的频率发生共振，正弦波叠加在输出中。谐振频率如下：

$$f_\text{r} = \frac{1}{2 \times \pi \times \sqrt{280\text{mH} \times 0.47\mu\text{F}}} = 439\text{Hz}$$

降低电容器值，提高谐振频率，降低误差放大器的高频后趋于稳定。

下面尝试替换为 CR 电路。

我们使用了280mH的大电感器，但负载电流较小，无法得到所需的时间常数。$E_{ave} = 5.0V$，$E_o = 5.6V$条件不变，直接替换为CR电路。

负载电阻约5kΩ。根据负载的有无，设时间常数的变化误差容许10%，则R_1为5kΩ的十分之一，即499Ω。

开关周期为25μs，设整流电路的时间常数是它的200倍，即200μs × 200 = 5ms。R_1是499Ω，所以C值为10μF。

二极管采用关断时间约为6ns的开关二极管。

结果如图4.72所示。

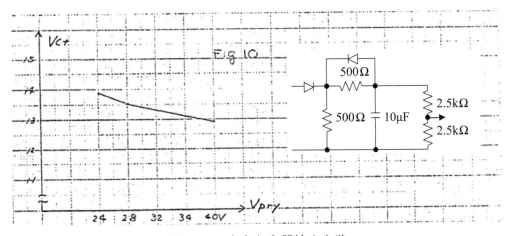

图4.72　改为电容器输入电路

如果提高一次电源电压，即占空比降低，则输出电压降低，这是由于二极管的压降成为误差。

对CR电路进行补偿。

设定二极管压降的补偿方法。

最大占空比和最小占空比对应的E_{ave}的比是1.09，所以表中对应的τ_1和τ_2的比约为0.8倍。所以设R_2为R_1的0.8倍，约390Ω。

结果如图4.73所示。

补偿成功，得到良好的线性调整率。上图中"LOAD大"和箭头表示负载调整率。二次输出电路只有整流电路，所以电路的压降直接表现为负载调整率。

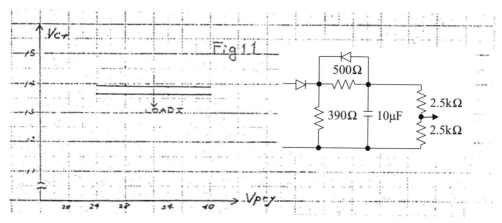

图4.73　充放电时间常数比的改变

4.4.2　调整电路

为电压检测电路提供调整电路。进行电压设定和线性调整率设定。如果设计完好，则几乎不需要调整，但是调整可以吸收PWM IC基准电压的个体差异和变压器匝数比的个体差异，所以设计为可调整仍有其意义。

图4.47是电压调整电路。调整R_3或R_4可以设定电压，调整R_2可以调整线性调整率。

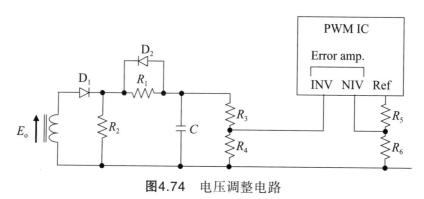

图4.74　电压调整电路

在实际制作中可以发现，初号机调整后，次号机后则几乎不必调整电阻值。如果预期变压器的匝数比会发生变化，就进行电压调整。

调整电阻值要尽可能不停止电路工作，即不反复开关电源。简单的方法是并联增加调整电阻，如图4.75所示。

将电阻R_3偏大设置，并联电阻值较高的电阻来进行调整，这样就可以在电源导通时调整。确定调整用电阻值后让车间进行实装。

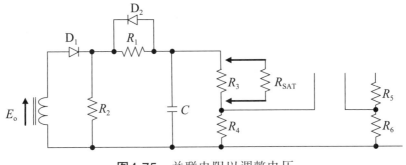

图4.75 并联电阻以调整电压

也可以通过串联电阻调整电阻。调整用电阻的值要小于主电阻值。每次改变串联的调整用电阻时都要开关电源。为防止这一情况，要利用组合电阻组成电路，如图4.76所示。

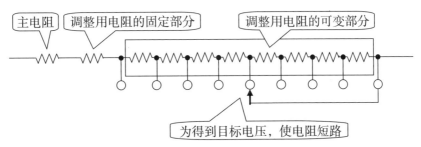

图4.76 串联电阻以调整电压

根据目标范围和精确度串联调整电阻。改变调整电阻值只要使电阻列短路即可，这样可以免去开关电源。

安装结束后接通电源，测量输出电压。使用目标电压值，计算调整电阻值，确定调整电阻的抽头位置。确定抽头位置后实际尝试短路。无需关断电源，用手上的电线接触即可。确认输出电压达到目标值后，让车间焊接跨接线。

这种方法的优势在于只要接通一次电源并测量输出，就可以通过计算确定调整电阻值，确定抽头位置，不必反复替换电阻。而且最大的好处在于电阻均连入电路，无需备用的调整电阻。

4.4.3　电压检测的品质

高品质的电压检测包括两个含义：

一个是是否正确平均化。如果未经过正确的平均化，就无法根据输出电压正确地改变导电角，也就无法正确地控制占空比，这一点无需多加说明。

另一个是纹波。如果电压检测的输出中含有纹波，则工作不稳定。

如图4.77所示，对方波的开关输出进行整流后，可以得到以指数函数连接的脉冲电流。满足平均化条件后整流，可以得到直流，但是如果整流电路的时间常数过小，就会出现这样的脉冲电流。

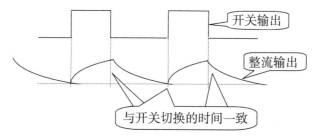

图4.77 纹波和开关的时间

脉冲电流信号输入PWM IC的误差放大器。整流输出的脉冲电流的电压变化点就是开关的切换点。当然，这时不会与基准电压进行比较，判断电压会上下浮动。

开关的上升和下降时间有波动，这就是纹波。被切换的功率本身发生振荡，如果振荡与电路中的某个谐振电路同步，则输出表现为以此谐振频率发生振荡的现象。如果振荡较轻，则直流中叠加小振幅交流，但情节严重时，原本的直流输出会变为交流输出。

二次输出负载的设计通常能够经受较小的纹波，较低程度的纹波在容许范围内，但电压检测电路的输出是PWM IC的开环增益接近100dB这种增益极高的误差放大器输入，必须尽可能抑制纹波。

与开关的切换时间一致的干扰容易引起上述现象。开关的上升和下降时产生的尖峰信号也会引起这样的振动现象，要尤其注意。

这种情况下产生的振荡实例如图4.78所示。

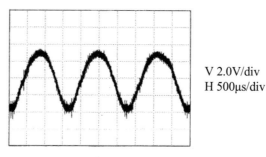

V 2.0V/div
H 500μs/div

图4.78 纹波引起振荡的实例

制作电源时会发现，上述振荡几乎是可观测的。持续振荡说明有足够的电能维持振荡，而且具备吸收振荡能量的调谐电路。电源中必然有调谐电路，请找出它。

4.4.4　电压检测位置

前面提到过，电压检测要在变压器中设置独立绕组和专用电压检测电路，与其说可以用二次负载输出代替专用电路，不如说使用二次输出的例子更常见。

1. 单个二次输出的情况

如图4.79所示，有一个二次输出时，在二次输出中检测电压并施加反馈，这样还能够补偿负载调整率，是最佳方法。

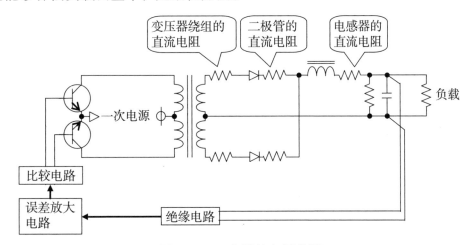

图4.79　二次侧的电压检测

将二次输出用作电压检测最大的优势在于二次侧的电压变动会进入电压控制回路内，负载调整率可以得到补偿。二次侧的电压变动包括含变压器、二极管、电感器的电阻产生的压降。当输出电压较低，电流较大时，这部分压降无法忽略不计。将二次输出用作电压检测可以补偿这些变动。

需要注意电压信号的品质，尤其是负载变动较大时。最小负载时，整流电路的时间常数变小，这时电压信号如果品质差，就无法保证电压控制回路的稳定。要注意，如果根据大电流负载降低电感值，则在去掉负载的一瞬间，电源就会开始振荡，因此要保证整个电流范围内的品质。

二次电源输出连接PWM IC的误差放大器时，要设置绝缘电路，以便电源的一次侧和二次侧分离。

有人会想到光电耦合器等方法，但还有一种古典的方法是用变压器将直流电压信号转换为交流。PWM IC内置振荡器，可以调整，所以也可以使用PWM IC作为信号源。

【专栏】 光电耦合器

很多人认为光电耦合器可以对一切物体绝缘，实际上它是用于直流、最多再加上低频交流的绝缘器件。频率高于一次侧光敏二极管和二次侧光敏三极管之间的杂散电容的交流信号能够穿透光电耦合器并被接收，无法实现交流绝缘。

最令人头疼的是共模噪声信号也会转化为正常模式信号。单体实验中并不构成问题，但是连接其他设备时，电路可能会通过光电耦合器擅自工作。这是因为设备中杂散的共模电源尖峰噪声会在连接其他设备时通过光电耦合器的一次-二次间杂散电容泄漏。

光电耦合器虽然使用方便，但并不可随意使用。

2. 多个二次输出的情况

有多个二次输出时，要从电压精确度要求最严格的二次输出施加反馈。

如图4.80所示，假设在负载A上施加反馈，负载A的二次侧的压降得到补偿，但负载B和负载C中二次侧的压降得不到补偿。其中要注意用于电压检测的

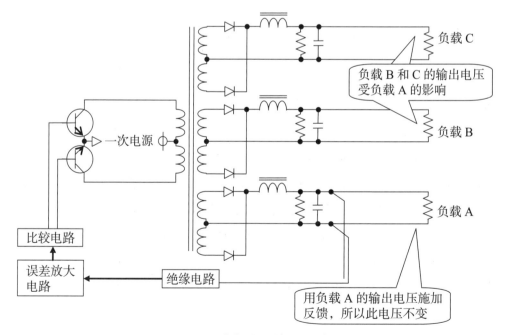

图4.80 二次侧电压检测的关注点

负载A的特性。负载A变动时，为了补偿A系统的电压变动，导电角会发生变化。负载B和负载C的输出电压因为负载A而摇摆不定。

负载始终剧烈变化，二次侧的压降不可忽略，我们要想对这种系统加以补偿，就要将这部分输出用于电压检测。以逻辑电路的5V为例，由于CMOS的出现，近年来负载电流有所减少，但TTL时代10A左右的输出电流随处可见。如果负载不变则不成问题，但一旦负载变动，就会影响其他负载。

市面上在售的电源有三种输出类型：5V、+15V和–15V。这些结构无一例外，都从5V施加反馈。5V适用于逻辑器件，负载电流较大，电压容许范围较严格，为±0.5V或±0.25V，而+15V和–15V用于模拟电路，模拟电路的容许电压范围较大，轻微的电压变动不成问题。

如果想要控制负载较大、电压范围较小的系统，并且用系统输出施加电压反馈，就需要确保不会对其他负载系统产生不良影响。

3. 设置独立绕组的情况

如图4.81所示，如果负载端能够吸收负载电流产生的压降，设置独立绕组、打造独立的电压检测电路是最简单的方法，无需另行设置绝缘电路。

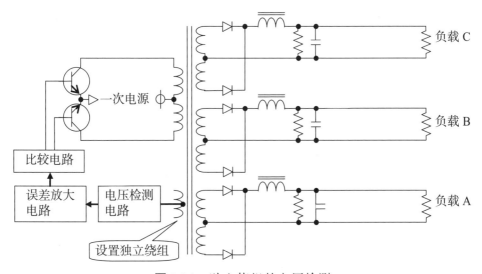

图4.81 独立绕组的电压检测

在此电压检测电路中，CR平均值电路作用极大。设置独立绕组方式的最大优势在于可以忽略一次和二次的绝缘方法，而且设计完成后只需要调整负载端绕组，就可以直接应用于其他场景。

设输出电压为5V。PWM IC的基准电压为5V，用它的二分之一输入误差放大器。如果电压检测输出为5V，则PWM IC的输入点处理方式与基准电压相同。注意，这里即使预备高电压也不会提高电压控制的精确度。

4.5 EMI滤波器

EMI是electro magnetic interference的缩写，意为电磁干扰。

开关电路导通/关断一次电源供给的直流电时，一次电源会受到连续的电流突变带来的影响。如果有自己专用的一次电源就不必担心，但如果是共享电源，就会对连接同一电源的其他设备造成极大的影响。我们要避免开关带来的电流通断影响一次电源，就要增加低通滤波器，这就是EMI滤波器。

我们在电气电路中学到的直流电源是理想电源，电压不变，内阻为零。内阻为零意味着在任何频率下都可以忽略阻抗。如果一次电源是理想电源，就不会对负载的开关电路有任何影响。可是现实中，这种电源并不存在。

导通/关断信号为方波。方波是包含开关频率及其谐波的信号。一次电源要向开关频率或者更高频率的谐波信号提供能量。但我们无法打造对极高频率作出响应的电源，必须在一次电源能够响应的频率范围内降低开关电路中产生的高频信号等级。从这个观点来看，EMI滤波器是一次电源和开关电路相连的整合电路。

4.5.1 结 构

一次电源输入结构如图4.82和图4.83所示。

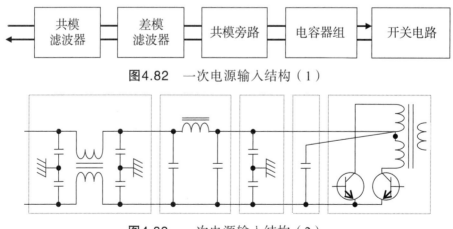

图4.82 一次电源输入结构（1）

图4.83 一次电源输入结构（2）

信号源即噪声的产生源自开关电路，所以信号的流动方向与来自一次电源的直流方向相反。因此滤波器是从开关电路向一次电源输入点方向构成的。我们已经介绍过开关电路和电容器组。电容器组的作用是确保开关特性，自然也能够降低一次电源侧产生的纹波。

准备顺序是从电容器组向一次电源输入点开始，分别为共模旁路、差模滤波器、共模滤波器。通常情况下，电容器组和差模滤波器之间不必设置共模旁路，但设置后有助于降低共模噪声。

共模的处理我们将在三次侧中讲解。下面我们来分析抑制电源电流本身变动的差模滤波器。

4.5.2　差模滤波器

差模滤波器由电感器和电容器组成，如图4.84所示。

开关瞬间产生大电流变化，配线的电感产生压降，导致一瞬间电能供应不足，所以我们在开关电路附近设置了电容器组。为了避免电流变化传递到一次电源侧，可以插入电感器。

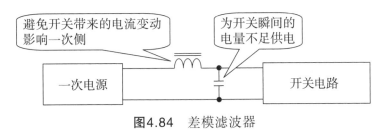

图4.84　差模滤波器

电感器和电容器组成的滤波器的截止频率由下式确定：

$$f_c = \frac{1}{2\pi\sqrt{LC}}$$

由上式可知，截止频率取决于电感 L 和电容 C 的积，但 L 和 C 可以是任意组合。一种较现实的决定方式是以电容器组容量为前提设定电感器，在确认特性的过程中进行调整。

可以充分利用电路仿真来确认特性。

4.5.3　衰减要求

开关交流部分的衰减需要设定目标值。现在每个国家都制定了电磁兼容标准，这些标准可以作为设计目标。我们以机载设备或航天设备中常用的MIL-STD-461的CE01和CE03的极限值为例进行介绍。

MIL-STD-461是美军规格，全称为electromagnetic interference characteristics requirements for equipment。electromagnetic Interference的意思是电磁干扰。EMI滤波器名称就是由此而来。还有一个名词EMC，也就是electromagnetic compatibility，即电磁兼容。MIL-STD-461已更新到现在的G版，而适用于整个项目的版本则多种多样，区分方式也有变化。这里以MIL-STD-461C为例进行介绍。

电磁干扰可以大致分为传导（conductive）和辐射（radiative）两大类，还可以进一步细分为发射（emission）和耐受性（susceptibility）。

用首字母表示，则分别是CE和RE，CS和RS。用频带和波形等条件细分后可再加上两到三个数字作为后缀。例如，CE01和CE03表示通过电源线从设备发出的干扰信号极限规格。

设开关频率为100kHz，符合100kHz规定的是CE03。

将信号区分为窄带（narrowband）和宽带（broadband），分别对它们指定极限值。

MIL-STD-461C CE03的窄带极限值如图4.85所示。

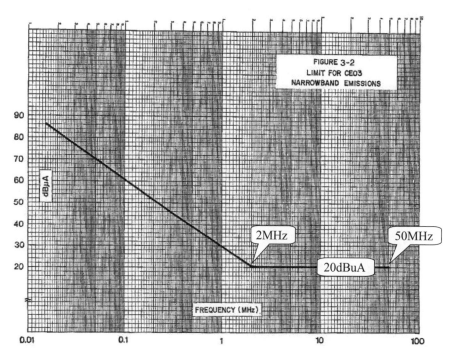

MIL-STD-461C CE03 Narrowband Emissions

图4.85　MIL-STD-461C CE03窄带极限值

能够明确识别频率或信号时，适用于窄带的限制值。图4.85中的直线就是极限值，要求不超过此值。纵轴的dBμA是1μA为0dB时的电流单位。20dBμA表示10μA，60dBμA表示1mA。

开关信号的频率成分能够明确地识别为开关频率的整数倍，适用于窄带的限制值。

MIL-STD-461C CE03的宽带极限值如图4.86所示。

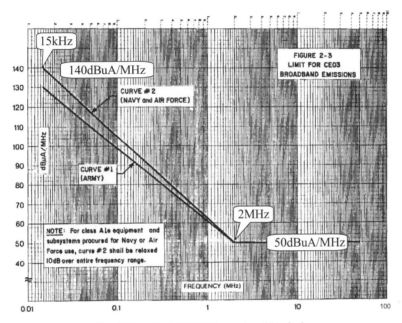

MIL-STD-461C CE03 Narrowband Emissions

图4.86　MIL-STD-461C CE03 宽带极限值

无法明确界定频率的噪声信号时，适用于宽带极限值，它分布于整个宽频区域，电流值在1MHz频带中归一化，用dBμA/MHz表示。

为了掌握实施干扰的信号能量，我们用电流规定极限值。所以要通过电流进行设计和测量。需要注意的是，窄带和宽带在测量时指的不是带宽，而是噪声性质。

4.5.4　衰减量和截止频率的设定

开关电路中的电流是方波，但我们要将其作为不断重复的正弦波来考虑。

方波是频率等于重复频率的正弦波及其谐波重叠的产物。因此确定基波对应的低通滤波器的截止频率后，级数更高的谐波的衰减高于基波，而且振幅更小，不产生影响。

　　PWM电源的占空比随电源电压变化。电源电压最小时电流最大，所以用功率除以最低电源电压可以计算出电流值。再用电流值除以此电源电压的占空比，计算出电流的波高值。

　　开关产生的交流是方波，将它替换为峰峰值与方波的最大振幅相同的正弦波来思考。用方波的振幅除以 $2\sqrt{2}$，求出有效值，并作为噪声源的电流值。

　　将此电流值以 dBμA 表示，1A 是 120dBμA，所以计算出的 dB 值加上 120 就是 dBμA。

　　衰减的目标遵守电磁兼容标准。MIL-STD-461 中 CE01 或 CE03 的极限值就是目标值。开关频率的 CE01 或 CE03 的极限值采用 dBμA 单位。

　　产生的噪声电流用 dBμA 表示，减去电磁兼容标准的 dBμA 极限值就得到所需的衰减量。

　　一阶的 LC 滤波器的衰减率是 40dB/dec。"/dec"表示频率变化十倍的情况。

　　现在假设在频率 f_t 下获得 G_t dB 的衰减。设滤波器的截止频率为 f_c，f_c 时的增益是 G_c dB，则代入 40dB/dec 可以推导出下式：

$$\frac{G_t - G_c}{\log f_t - \log f_c} = \frac{-40\text{dB}}{\log 10}$$

　　下面思考截止频率的衰减量，设 $G_c = 0$dB，可以推导出下式：

$$\log f_c = \log f_t + \frac{G_t}{-40\text{dB}}$$

所以只要知道频率 f_t 所需的衰减量 G_t dB，就可以计算出 LC 滤波器的截止频率。

　　相反，$G_c = 0$dB，使用截止频率为 f_c 的滤波器时可以得到的衰减量为

$$G_t = -40\text{dB} \times (\log f_t - \log f_c)$$

　　粗略总结，采用 40dB/dec 和 12dB/oct，制造接近目标衰减率的组合，根据组合将频率 f_t 以 10 和 2 的比例拆分，就可以得到大致的截止频率。

　　请看下面的例题。

　　设电源电压为 24～34V，功率为 38W，开关频率为 100kHz。电源的 CE 规定适用 MIL-STD-461C。

　　耗电的设计值为 38W，电源的最低电压为 24V，所以消耗电流的平均值为

$\dfrac{38\mathrm{W}}{24\mathrm{V}}=1.58\mathrm{A}$。如果电源电压为24V时PWM控制的占空比为80%，则实际的消耗

电流值为$\dfrac{1.58\mathrm{A}}{0.8}=1.98\mathrm{A}\approx2\mathrm{A}$。设此方波是双振幅为2A的正弦波，则有效值为

$$\dfrac{2\mathrm{A}}{2\sqrt{2}}=0.7\mathrm{Arms}$$

换算成dB后为–3dB，换算成dBμA，为117dBμA。

开关频率100kHz的MIL-STD-461C的CE极限遵守CE03规定。如图4.85所示，100kHz的限制电流值为60dBμA，因此所需的衰减量为117dBμA–60dBμA = 57dB。

设EMI滤波器使用一阶LC滤波器，则

$$\log f_{\mathrm{c}}=\log f_{\mathrm{t}}+\dfrac{G_{\mathrm{t}}}{-40\mathrm{dB}}=\log 100\,\mathrm{kHz}-\dfrac{57}{40}=5-1.425=3.575$$

由此得到下式：

$$f_{\mathrm{c}}=10^{3.575}=3758\cong 3.8\,\mathrm{kHz}$$

也就是说，可以使用截止频率小于3.8kHz的LC滤波器。

4.5.5　EMI滤波器的仿真

1. 电压源仿真①

对例题中的滤波器进行电压源仿真。

设电感器值为75μH，如果电容器为23μF，则能得到约3.8kHz的截止频率。为了在24V得到2A的电流，准备负载电阻12Ω。设电感器的直流电阻为50mΩ，电容器电路也有2mΩ的电阻。

如图4.87所示，在仿真结果中观察输出端的电流与输入端的电流比，100kHz下得到了预期的57dB的衰减。

再看电流本身，如图4.88所示。

图4.88左图是电感器L_1的电流，右图是信号源E_1的电流。

观察可知电感器L_1的电流振幅为40mApp，即14mArms，输出极限值为1mArms，超出了极限值，不符合获得衰减的结果。

127

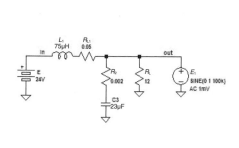
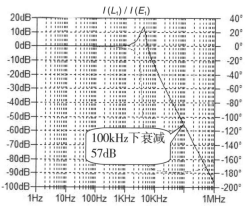

图4.87　频率特性

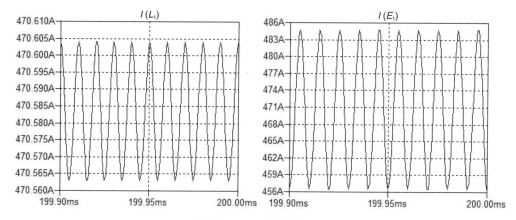

图4.88　电流仿真结果

问题出在作为信号源的电源上。仿真器的电压源是理想电压源，即内阻为零，一次电源短路。请看图4.88中电流值的绝对值。大电流甚至高达400A，无法想象。这样的仿真不成立。

2. 电压源仿真②

电压源仿真①的问题可以通过为负载电阻串联接入信号源来解决。信号源不会使负载短路，而且信号源的内阻为零，所以负载电阻不变。我们在仿真结果中观察输出端的电流与输入端电流的比，如图4.89所示。

与电压源仿真①相比，峰值变高。信号源不使电路短路，所以滤波器和负载电阻的关系不变，这才是正确的响应。衰减特性不变，所以电压源仿真①和②在100kHz下的衰减量相同。

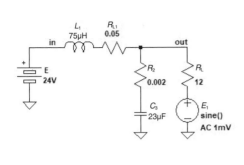
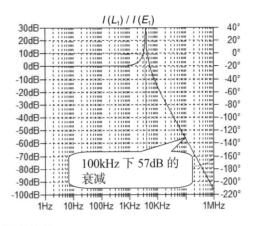

图4.89　频率特性

3. 电阻负载和开关的电流仿真

尝试将例题中的滤波器以接近真实开关的形式仿真。

负载电阻中加入开关，尝试导通和关断。

常数与电压源仿真相同。如图4.90所示，负载电阻中串联插入开关，用方波控制开关，模拟PWM开关。

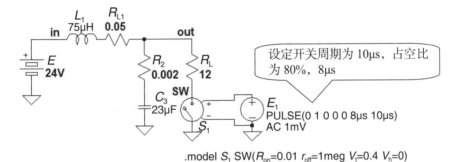

图4.90　电阻负载和开关的仿真

电源为直流24V，开关导通时电流为2A，所以设电阻负载为12Ω。开关的重复周期相当于100kHz，为10μs，导通占空比为80%，所以设导通时间为8μs。

图4.91中右图为开关电流，可以看出开关振幅为2.0A。图4.91左图是电感器L_1中的电流，L_1中电流的振幅约为1.8mApp，换算为有效值约为0.64mArms。CE03的规定中，60dBμA对应1mArms，可见满足极限值。

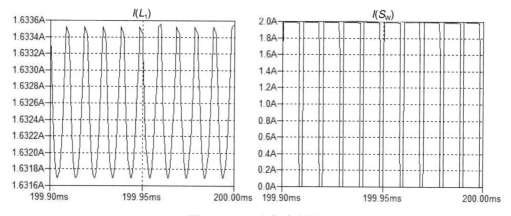

图4.91　电流仿真结果

4. 使用电流源负载的电流仿真

LTSpice的元件中有一种电流源负载。仿真性质与电流源相同，只在有电压时成为电流源，无电流时没有任何输出。电流源的阻抗无限大，所以无法作为电路的负载。

使用这个电流源负载对例题中的滤波器仿真。

仿真电路如图4.92所示，电流为2A，导通时间为8μs，设电流源负载为反复10μs。

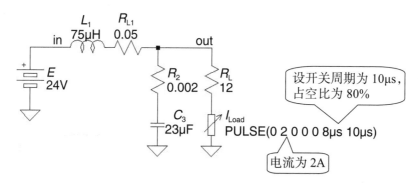

图4.92　使用电流源负载的仿真

由图4.92可以看出，通过电感器L_1的电流振幅为1.6mApp，换算为有效值为0.6mArms，与之前的仿真结果相同，满足极限值1mArms。

图4.93右图是恒流源，可以看出开关振幅为2.0A。图4.93左图是电感器L_1中的电流，L_1中的电流振幅约为1.8mApp，换算为有效值约为0.64mArms。仿真结果与电阻器和开关的组合相同。电流的绝对值略有出入，这源自负载的连接方式不同。恒流负载的情况下，电流源的电阻无限大，负载电阻12Ω被忽略。

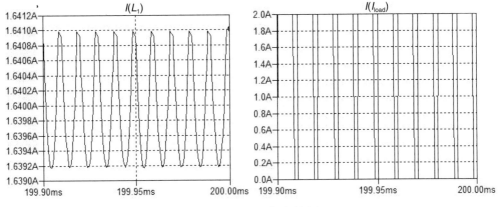

图4.93   电流仿真结果

5. 使用电流源负载的频率特性的仿真

用电流源负载仿真的优势在于如果电流源是正弦波，就可以看出滤波器的频率特性，如图4.94所示，电感器L_1中的电流对于电流源的电流，可以得到预期的57dB衰减。

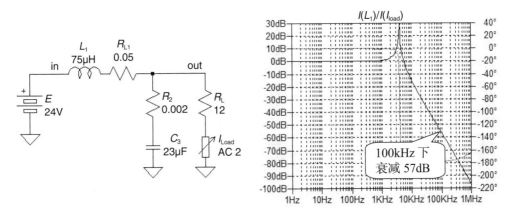

图4.94   频率特性

6. 电压源的电流仿真

如图4.95所示，再次思考电压源。如果电压源的电压与一次电源电压相同，

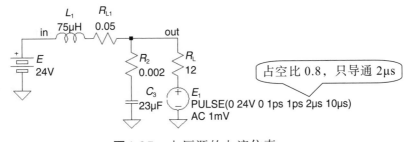

图4.95   电压源的电流仿真

则没有电流通过；如果电压为零，则负载电阻中有电流。所以我们将电压源设为振幅等于一次电源电压、导通和关断与实际相反的方波。

图4.96右图是负载电阻中的电流，表现为预期的占空比为80%的方波。图4.96左图是电感器L_1中的电流，L_1中的电流振幅约为2mApp，换算为有效值是0.7mArms，可见已抑制为目标电流。

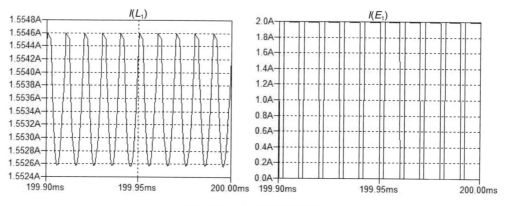

图4.96　电流仿真结果

4.5.6　仿真范例

【例1】100kHz DC-DC变换器。

利用已有的滤波器设计对电流源负载仿真，探讨实用性。如图4.97所示，电源电压为24V～34V，功率为38W。开关频率为100kHz，电源电压为24V，占空比为80%。电源的CE规定适用MIL-STD-461C，所需衰减量为57dB。

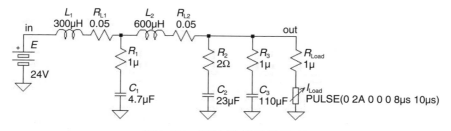

图4.97　滤波器范例的仿真

假设L_1和L_2电感器的直流电阻都是50mΩ，结果如图4.98，右图是负载电阻中的电流，左图是电感器L_1中的电流，纹波几乎为零。

将电流源负载作为正弦波，对其频率特性进行仿真，如图4.99所示。

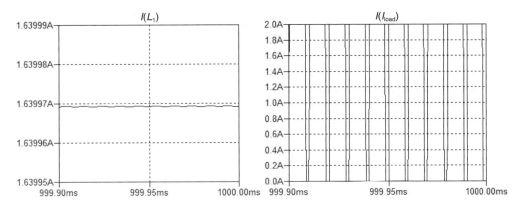

图4.98 电流仿真结果

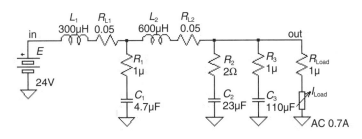

图4.99 滤波器范例的频率特性仿真

由图4.100可知，100kHz下衰减量约为150dB。信号源的电流值为117dBμA，所以117dBμA–150dB = –33dBμA，约为20μA，几乎看不到纹波。现实中很难得到150dB的衰减，这只是理论上的数字。

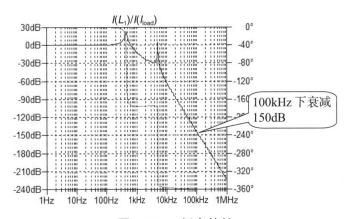

图4.100 频率特性

下面思考频率特性中的峰值。

设阻尼电阻R_1为2Ω，具体电路如图4.101所示。

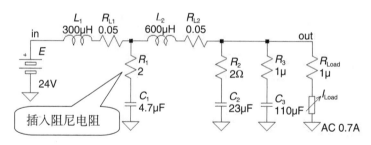

图4.101　增加阻尼电阻

如图4.102所示，约500Hz附近的峰值是L_1和L_2的串联电感900μH与C_3的110μF电容的谐振点；约5kHz附近的峰值是L_1和L_2的并联电感200μH与C_1的4.7μF电容的谐振点。

110μF的电容器也起到电容器组的作用，因此不能插入阻尼电阻。5kHz附近的峰值振动可以通过阻尼电阻来破坏峰值抑制。100kHz下的衰减略有恶化，但问题不大。

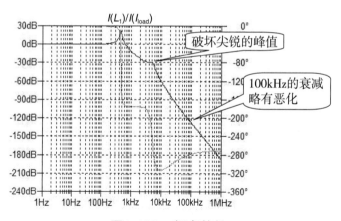

图4.102　频率特性

【专栏】 仿真中电感器的直流电阻

在仿真时，要设电感器的直流电阻接近真实值。因为开关使得电感器和电容器的谐振电路中产生谐振电流，但几乎没有阻尼要素，振动电流不衰减。为电感器设定直流电阻，直流电阻就会成为阻尼要素，更接近真实电路。

如果使用仿真器电路要素中的电感器，则电阻会被预设为1mΩ，这是为了方便仿真中计算电流。

仿真器会按照电感器的元件数据设定直流电阻，插入串联电阻并明确直流电阻，仿真的前提条件会更加明确。

【例2】10kHz开关电路。开关频率较低时用电流源负载进行仿真,设开关频率为10kHz,最大电流为100A,占空比为50%,噪声源为100App的正弦波。

100App的正弦波有效值为

$$\frac{100A}{2\sqrt{2}} = 35.4\text{Arms}$$

换算成dB为31dB,换算成dBμA为151dBμA。

开关频率10kHz下MIL-STD-164C的CE极限为CE01,如图4.103所示。

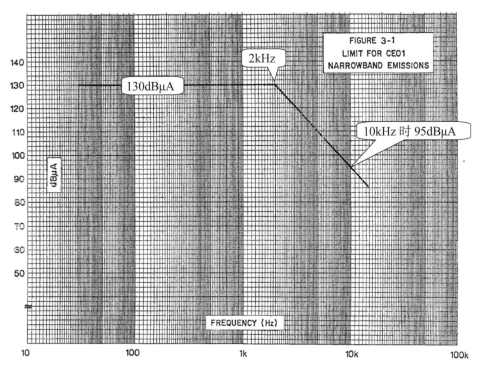

图4.103　MIL-STD-461C CE01 窄带极限值

10kHz的极限值为95dBμA,因此所需的衰减量为151dBμA–95dBμA = 56dB。

设EMI滤波器采用一阶*LC*滤波器,则

$$\log f_\text{c} = \log f_\text{t} + \frac{G_\text{t}}{-40\text{dB}} = \log 100\,\text{kHz} - \frac{56}{40} = 5 - 1.4 = 3.6$$

由上式得到$f_\text{c} = 4.0\text{kHz}$,所以只需准备截止频率小于4kHz的*LC*滤波器。

用制作好的滤波器进行尝试,如图4.104所示。

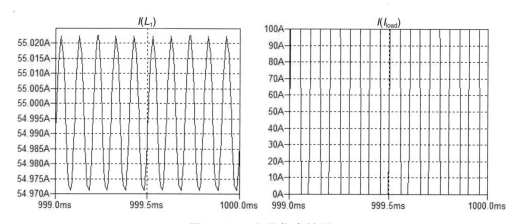

图4.104　滤波器范例的电流仿真

图4.105是电流仿真结果，右图是负载电阻中的电流，左图是电感器L_1中的电流。

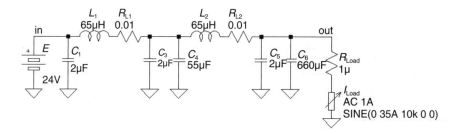

图4.105　电流仿真结果

50mApp换算成有效值为17.7mArms，极限电流值为95dBμA，相当于56mA，下降了很多。

下面计算频率特性，仿真电路如图4.106所示。

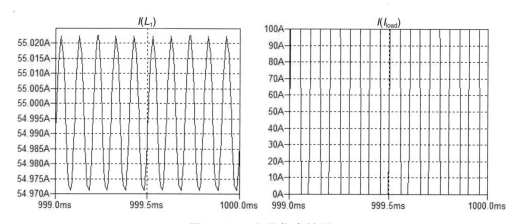

图4.106　滤波器范例的频率特性仿真

由图4.107可知，10kHz下得到60dB以下的衰减，所需的衰减量为56dB，满足要求。

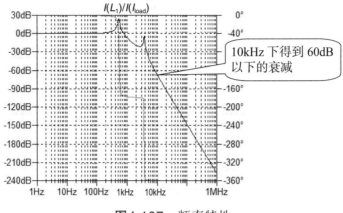

图4.107 频率特性

4.5.7 滤波器结构

只由一个电感器和一个电容器组成的*LC*滤波器也能得到高达40dB/dec的衰减。理论上随着频率的增高，衰减也会根据40dB/dec变化，安全起见，实际上应设置为60dB的衰减，即使仔细安装和布线也应该预留80dB的衰减。

−80dB的衰减量极大，相当于万分之一，意味着反过来从输出到输入能得到10000倍的增益。

假设输入输出的配线之间有100pF的杂散电容，则100kHz下电抗为

$$X_C = \frac{1}{2 \times \pi \times 100\text{kHz} \times 100\text{pH}} = 16\text{k}\Omega$$

如果电压差为24V的十分之一，则漏电流为

$$\frac{24\text{V} \times 0.1}{16\text{k}\Omega} = 150\mu\text{A}$$

这些反馈到输入再放大，还是很容易理解的。因此以60dB为基准，如果不够就采取双级结构，这样更加安全。

*LC*滤波器的一次电源侧加入电容器即构成*CLC*结构的π型滤波器，但为了避免一次电源侧的电容器过大，应该保留小容量，这是为了防止电源导通时产生浪涌电流。从一次电源侧看来，电容器直接短路，导致电源导通时充电电流较大。

第5章
三次侧

设计完整流电路、二次侧、一次侧之后，电源设计似乎基本结束了，不过这只完成了电气设计的主体部分。实际上，某些隐形电路设计的好坏能够决定整体设计的良莠，在此我称它们为三次侧。

按前文中介绍的整流电路、二次侧、一次侧的顺序设计之后，我们确定了配线图、器件、电阻、电容器和电感器的常数。电源功能、输入和输出的性能已经完成了。但是电路工作点的稳定性、高频交流特性、控制回路的稳定性、一次电源或负载无用信号的去除等设计尚未完成。

例如，针对开关电路中的尖峰噪声，我们只关注了噪声本身，而对于相关的电源的稳定工作和输出品质也需要制定完备的应对措施。

共模噪声的电流路径不体现在配线图上，但实装时则是确实存在的。假如不采取相应措施，噪声就会从负载端流出，噪声电流会流向阻抗低的位置，如果改变负载端的构造，故障点又会发生转移，令人束手无策。负载的返回电位不稳定，又会导致电路无法正常工作，甚至发生故障。

电磁兼容实验可以检查电源线是否会在干扰波的影响下失去稳定性。某些电路结构的抗干扰性较差。PWM控制用芯片内置高增益放大器，我们需要对此采取措施。

在电路中采取措施才能抑制上述噪声，同时实装设计也很重要，我们称这些电源相关的隐形电路为三次侧。

5.1 尖峰信号对策

思考伴随PWM电源的尖峰信号。

尖峰信号指的是尖锐的部分，尖跟鞋指的是跟部又细又长的鞋，如图5.1所示。

美女穿上尖跟鞋会更加凸显她的美，而PWM电源的尖峰信号却只能带来麻烦。

尖峰信号对策的难点在于它不像线性调整率、负载调整率和波动一样可以通过逻辑计算来设计，尖峰信号对策无法进行计算。当然，实际制作电路和实

图5.1 尖跟鞋

装模型后也可以通过瞬态响应来计算，但这样过于依赖实装，而且制作模型也需要大量数据基础。

我们不应该在不了解的尖峰信号对策上花费过多时间，最后还是要看成品效果，所以在试做阶段只能不厌其烦地观察和试验。

实际的尖峰信号波形如图5.2所示。

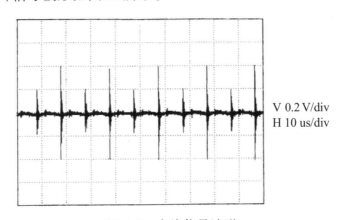

V 0.2 V/div
H 10 us/div

图5.2 尖峰信号波形

尖峰信号发生在开关的导通和关断之时。波高值和形状会根据电源电压和负载的情况而变化。图5.2中，关断时尖峰信号的波高值较小，而改变负载则会增加波高值。

PWM电源是方波，开关导通或关断时会产生尖峰信号。尖峰信号必然伴随在PWM电源左右，但只要理解它产生的原理，在元件配置和配线上加以防范即可。

5.1.1　尖峰信号引发的问题

尖峰信号会带来许多问题，例如超出负载的电源电压规定范围、超出EMC CE规定、PWM控制不稳定。

1. 超出负载的电源电压规定范围

如果尖峰信号不影响负载工作，则无需处理。只要直流输出的总电压范围内，纹波电压的幅值电压和尖峰电压的和不超过负载的规定电压范围和负载的交流灵敏度即可。

尖峰电压使用示波器的测量值，但要注意示波器测量的波形未必能够忠实还原尖峰信号。尖峰信号中可能含有极高的频率成分。近年来数字器件的工作频率越来越高。工作频率高意味着对高频成分的灵敏度高，所以有可能对示波器无法检测的成分作出反应。

我们很难从画面上准确辨认高频成分，因此要在观测出的波高值中加入余量。很难判断应加入多少余量，笔者使用的是频带宽度较大的示波器，但仍留出2倍（+6dB）的余量。如果测量的波高值为100mVop，则估算实际的波高值为200mVop。但+6dB并没有确切的根据。

2. 超出EMC的CE规定

EMC指的是电磁兼容性，CE是conductive emission的缩写，指的是设备通过电缆传输的电磁信号。设计电源时要时刻记得CE。务必去除一次电源线上的无用信号，而且负载端不能输出无用信号。

3. PWM控制不稳定

超出负载电源电压规定范围以及超出EMC的CE规定都是PWM电源产生的尖峰噪声向外部传播引发的问题，在电源内部也会引发控制不稳定的问题。

PWM控制使用的反馈电压信号中如果叠加尖峰信号会造成PWM控制不稳定。不稳定并不意味着PWM工作崩溃，通常负载中会出现正弦波状的振荡。

我们复习一下PWM控制，如图1.3所示，电压检测电路能够读取输出电压。计算出输出电压和基准电压的差。比较误差输出和锯齿波，如果锯齿波超出误差放大电路的输出，开关电路导通。如果输出电压上升，则比较电压越高，开关的导通时间越短；比较电压越低，导通时间越长。

图5.3是尖峰信号和开关时间的关系。

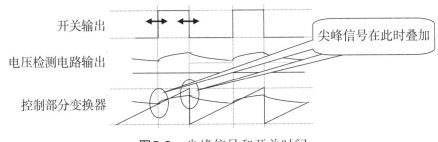

开关输出

电压检测电路输出

控制部分变换器

尖峰信号在此时叠加

图5.3　尖峰信号和开关时间

从图5.3可以看出，电压检测电路中有纹波残留。锯齿波和误差放大器输出进行比较并切换，纹波恰好在此时出现拐点。开关的时间因此略有错位，开关出现抖动。抖动本身的频率是随机的，但如果控制回路内有谐振电路，则控制回路会以谐振电路的频率开始振荡。

开关导通和关断时产生尖峰信号，与上面的纹波拐点原理相同，也产生开关抖动。

开关本身的时间有变化，电能较大，所以抖动会引发谐振。即使谐振要素不在控制回路内，而在负载端，也会发生谐振。抖动被传递到二次侧，在二次侧的谐振电路发生振荡，与二次的负载变化相同，变压器的磁通密度发生变化，电压检测电路的输出也发生变动，所以振荡会持续下去。

图5.4的示例中，尖峰信号使开关发生抖动，输出中叠加正弦波。

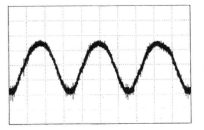

V 2.0V/div
H 500us/div

图5.4　抖动引发的正弦波叠加

如图5.5所示，正弦波的形状完好，与二次侧的整流电路中的电感器和电容器的谐振频率一致。

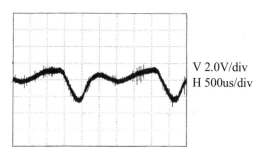

V 2.0V/div
H 500us/div

图5.5　抖动引发的交流叠加

原本期待电源工作输出直流，却意外出现正弦波，但是出现完好的正弦波可以理解为某处有一条频率一致的谐振电路，并且有充足的交流能量补给，以使谐振持续下去。从这个角度继续解析。

原因在于电压检测电路中混入了尖峰信号，首要任务是降低尖峰信号等级，采取措施后，尖峰信号就会消失。

PWM IC的端子能够补偿误差放大器的高频。在此用电容器和电阻进行补偿，正弦波振荡有可能停止，但根本原因在于尖峰信号，所以抑制尖峰信号才是核心任务。尖峰信号和PWM工作不稳定时进行高频补偿可能会恢复平稳，但大多数情况下还有其他原因。在需要高频补偿时，请务必分析什么才是要因。

5.1.2　尖峰信号的产生

为了制定尖峰信号对策，需要考虑尖峰信号产生的原理。

噪声产生在能量形态发生变化的位置，在PWM电源中，其位置就是一次侧的开关器件和二次侧的二极管。一次侧将直流功率转换为交流功率。二次侧则控制切换后的交流功率，并转换为直流功率。噪声产生的源泉是三极管、FET或整流二极管等的开关。

三极管、FET或整流二极管的开关会带来电流或电压的变化，它们与电路器件的组合会产生尖峰信号。三极管、FET或二极管等在开关操作的瞬间会因电路的电感或电容产生瞬态电压或瞬态电流，它们就是噪声的发生源，也是能量源。

电感器会因电流的变化而产生电压。设电感为L，电流为i，则产生的电压为

$$V = L \cdot \frac{\mathrm{d}i}{\mathrm{d}t}$$

请看MOSFET IRHMS57160的工作时间（图4.3）。

接通时，除导通延迟时间外，上升时间最大为125ns。设FET切换的电流为5A，如果配线的电感为0.1μH，则产生的瞬态电压为

$$V = L \cdot \frac{\mathrm{d}i}{\mathrm{d}t} = 0.1 \times 10^{-6}\,\mathrm{H} \times \frac{5\mathrm{A}}{125 \times 10^{-9}\,\mathrm{s}} = 4\mathrm{V}$$

也就是说，接通瞬间，配线上产生4V的尖峰状压降。125ns是最大值，所以通常情况下上升时间更短，电压值更大。上限对应FET的最小上升时间，数据表中并未注明，数值不详。

关断时，除了延迟时间外，下降时间最大为50ns，设配线的电感为0.1μH，则产生的瞬态电压为

$$V = L \cdot \frac{\mathrm{d}i}{\mathrm{d}t} = 0.1 \times 10^{-6}\,\mathrm{H} \times \frac{5\mathrm{A}}{50 \times 10^{-9}\,\mathrm{s}} = 10\mathrm{V}$$

当然，通常下降时间会更短，电压值更大。上限对应FET的最小下降时间。

电容器在电压变化时会产生电流。设电容为C，电压为v，则产生的电流为

$$I = C \cdot \frac{\mathrm{d}v}{\mathrm{d}t}$$

一次电源电压为30V，则每次开关会发生30V的电压变化。假设FET的底座和外壳之间的杂散电容为50pF。以关断为例，下降时间最大50ns，所以关断的瞬间产生的最小电流为

$$I = 50 \times 10^{-12}\,\mathrm{F} \times \frac{30\mathrm{V}}{50 \times 10^{-9}\,\mathrm{s}} = 30\mathrm{mA}$$

可见FET的底座和外壳之间产生大于30mA的电流，严格地说是具备产生这些电流的能力。上限对应FET的最小下降时间。

近年来，开关器件基本上都是FET，将它和三极管进行对比，以2N5672为例，如图4.1所示，启动时间和下降时间的最大值均为0.5μs。与Power MOSFET IRHMS57160相比，启动时间为4倍，下降时间为10倍，相应产生的电压和电流分别是FET的四分之一和十分之一。

FET的特性优于三极管，但不要忘记FET的开关会带来较大的噪声能量。

5.1.3　尖峰信号对策

包括尖峰信号在内的噪声对策要遵循一定的原则。

噪声是在接收外部的能量供给后产生的，但是外部能够提供的噪声能量有限。噪声源的能量如果能完全消耗在电源内部，噪声就不会流到外部。

噪声措施有以下两点：

1. 降低产生噪声的能量

清理一次侧的开关器件周边，即开关FET或三极管的周边环境。

首先尝试减少电感成分。

复习一下开关器件周边的电路。如图5.6所示，电容器组到一次电源侧中有EMI滤波器，设其间为直流，观察交流部分，在配线图中加入配线的杂散电感。

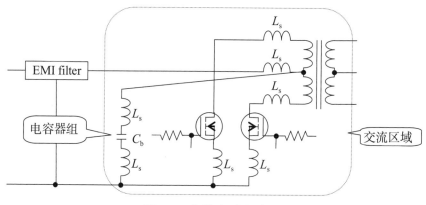

图5.6　杂散电感的存在

随着FET的开关，插入杂散电感L_s的部分会产生压降和压升。5.1.2节中我们提到过，配线上会产生较大电压。

如图5.6所示，插入杂散电感L_s的配线要尽可能短，包括变压器和FET之间、变压器中点和电容器组之间、FET源极和电容器组之间、电容器组的导线等。

短指的是几乎直连。元件的配置极其重要，制作完成后很难修改，一定要在设计初期考虑周全。电气设计者也要和电路板设计者、结构设计者一同探讨。

我们在5.1.2节中说过，配线上不仅能产生尖峰电压，还会因开关电流产生压降。配线的杂散电感会阻碍开关导通瞬间突然产生的电流，压降会降低电源效率，所以配线必须很短。

另外，我们试图消减电容成分，但遗憾的是，如图5.7所示，杂散电容本身很难减少，在实操中无法避免。

FET的漏极能影响电压，所以针对的是FET中的底座和外壳之间的杂散电

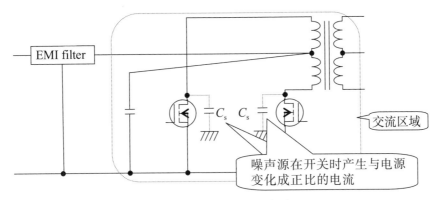

图5.7 杂散电容的存在

容、漏极配线和底座间的杂散电容，以及变压器绕组和磁芯间的杂散电容。理论上只需减少与底座之间的杂散电容，所以应该使所有元件远离底座，但是FET和变压器都是发热体，无法远离底座。

假设将元件挂在半空中，如果有东西靠近，就会通过杂散电容产生电流，增加了工作的不稳定因素。所以不如允许噪声产生，固定杂散电容，以期得到稳定安全的工作效果。

二次侧也和一次侧相同，注意交流部分，增加有配线的杂散电感，配线图如图5.8所示。

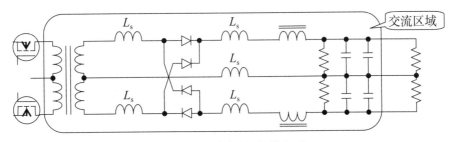

图5.8 二次侧的杂散电感

变压器和二极管之间、二极管和电感器之间容易出问题。二极管和电感器之间，有电感器在后面，看上去相同，但电感器中通常有铁心，高频特性较差，而配线是空心，高频特性较好，这种差异使得突然出现电流变化时，高频区域的配线可以作为有效的电感来工作。

二次侧也和一次侧一样，需要尽可能减小杂散电感，即缩短配线长度。元件的配置设计决定了成品的好坏。

然而，将整个整流电路放在变压器旁边并不现实。一次侧和二次侧的不同在于电流值。功率相同时，如果二次侧的输出电压较高，则电流值较小，产生的噪声也少；如果二次侧的输出电压较低，则电流较大，问题也就较大。因此要将负载电流最大的整流电路尽可能安装在变压器附近，其他按负载电流的大小顺次安装在变压器周围。

2. 消耗产生噪声的能量

◆缓冲器

如图5.9所示，缓冲器安装在开关两端，作用是在电容器和电阻的串联电路中保护开关节点。

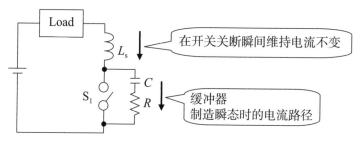

图5.9　缓冲器的安装

打开之前关断的开关S_1，负载和配线的电感试图维持之前的电流不变，即释放之前储存的能量。开关切断电路后理论上负载电阻无限大，因此开关两端产生极大的电压，导致开关损毁。高电压、大电流也可能使开关节点之间的空气离子化，进入等离子状态，使开关无法断开。

在开关节点之间插入电容器和电阻的串联电路，瞬态时电流通过缓冲器，消耗电感中的能量，防止高电压产生。也就是说，缓冲器在开关瞬态时制造了电流路径。缓冲器原本的作用是保护节点，但保护节点的原理是防止大电压，所以它同时也成为噪声控制电路。

三极管、FET等一次侧的开关器件和二次侧的二极管等都是开关，如图5.10和图5.11所示，在插入缓冲器进行保护的同时也能够抑制尖峰信号。

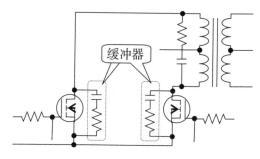

图5.10　开关器件缓冲器

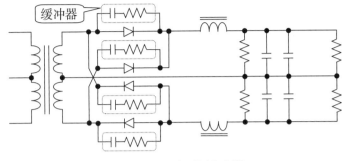

图5.11　二极管缓冲器

下面思考开关产生的瞬态电流的路径。

图5.12的配线图的闭合电路以变压器和FET之间的配线的杂散电感L_s为电压源。

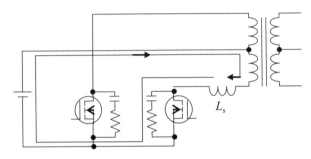

图5.12　开关产生的瞬态电流的路径

电流通过与FET并联插入的缓冲器、电源、变压器中点和绕组，进入配线的杂散电感，形成闭合回路。

但实际上路径并非始终如此。之前我们讲过，尖峰信号的频率极高，路径长，必然阻抗极高，所以流通并不顺畅，电流会寻找阻抗更低的路径，如变压器的绕组和磁芯之间的杂散电容、FET的源极，如图5.13所示。使用大型变压器

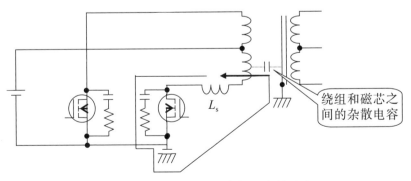

图5.13　开关产生的瞬态电流的路径

时，由于变压器是发热体，常常被安装在底座内。这时磁芯接地，以低阻抗连接。通常 FET 的源极也通过电容器旁路连接底座。这种路径更容易通过电流。

噪声电流会通过阻抗较低的路径，这一点与实装设计息息相关，所以从配线图上无法指定电流路径，要时刻留意是否有闭合电路存在。

综上所述，噪声源会选择路径释放能量，电路由电感、电容和电阻组成，自然会因杂散电感和杂散电容决定的频率、缓冲电阻决定的阻尼而振荡并衰减。我们放大尖峰信号就会发现，实际上是存在振荡的，如图 5.14 所示。

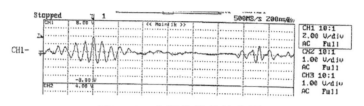

图 5.14　尖峰信号的放大图

从图 5.14 中可以看出，约有 15MHz 的振荡。设电感为 0.5μH，则电容为 225pF。

减小尖峰信号的条件是尽早去除尖峰信号的能量，这属于二次侧的瞬态响应问题。电阻越小，衰减越小，系统的响应越好，但是衰减越延迟；电阻越大，衰减越大，系统的响应越差。响应最好的称为临界阻尼，衰减系数是 1。因此缓冲器的电阻衰减系数应设为 1 左右。

设定决定衰减系数的电阻值需要知道杂散电感和杂散电容的值。

美国半导体制造商 Maxim 公司的应用指南 3835 中记录了杂散电感和杂散电容的估算方法和缓冲电阻的确定方法，网站地址 http://www.maxim-ic.com/app-notes/index.mvp/id/3835，主要内容如下：

不使用缓冲器，放大尖峰信号读取振荡频率。

在 FET 的漏极和源极间插入电容器，多次改变数值，使振荡频率达到原来的二分之一。LC 的谐振频率 f 满足 $f = \dfrac{1}{2\pi\sqrt{LC}}$，所以频率变为二分之一后，电容值变为原来的 4 倍。原本的电容值只含杂散电容 C_s（1），所以 $4-1=3$ 就是增加的电容值。再用增加的电容值除以 3，得到杂散电容 C_s。计算出杂散电容后，根据 $f = \dfrac{1}{2\pi\sqrt{L_s C_s}}$ 导出 $L_s = \dfrac{1}{(2\pi f)^2 \cdot C_s}$，计算出杂散电感 L_s。

缓冲电阻R的值要满足谐振电路的特性阻抗$R=\sqrt{\dfrac{L_s}{C_s}}$。

缓冲器的串联电容器为杂散电容C_s的3~4倍。

下面思考缓冲电阻R的值要满足谐振电路的特性阻抗$R=\sqrt{\dfrac{L_s}{C_s}}$。

谐振电路的$Q=\dfrac{\omega L}{R}$，其中$R=\sqrt{\dfrac{L}{C}}$，所以

$$Q=\frac{2\pi fL}{R}=\frac{2\pi fL}{\sqrt{\dfrac{L}{C}}}=2\pi f\sqrt{LC}=2\pi f\cdot\frac{1}{2\pi f}=1$$

数值无需完全一致，大致相符即可。串联的电容器仅作为交流路径，电抗值低于杂散电容即可。

◆ 差模旁路

差模噪声指的是路径与原本的功率电流相同的噪声，即从一次电源的Hot通向RTN。

去除此路径中的尖峰噪声需要使用陶瓷电容器，这是因为陶瓷电容器的高频特性较好。对一次侧用于电容器组和EMI滤波器等的电解电容器、二次侧用于整流电路的电解电容器分别并联插入陶瓷电容器，如图5.15所示。

整流电路的电容器通常容量很大，多使用钽电容器和铝电容器等电解电容器，但电解电容器的频率特性较差，极端地说，1MHz以上几乎无法起到电容器的作用。因此为了使高频成分也能得到电容器的旁路效果，令高频成分环流，并联插入陶瓷电容器，哪怕容量低至0.1μF。

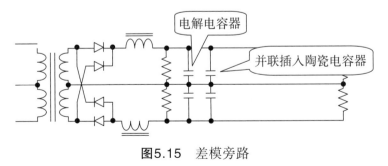

图5.15　差模旁路

◆共模旁路

相对于差模旁路，还有一种共模旁路。虽然尖峰信号成分相同，但表现出Hot和Cold两种极性。电流回路是底座。

我们在5.1.2节中提到过，FET的漏极点的电压变化产生的电流通过与底座之间的杂散电容，主要表现为共模噪声的形式，如图5.16所示。

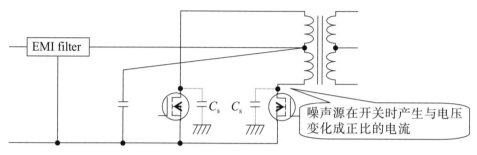

图5.16　共模噪声的生成

发生源是开关器件，严格地说，与底座之间有电容、有电压变动的位置都可以成为发生源。最大的发生源就是开关器件。噪声电流从开关器件的电路侧开始，通过一次电源侧和二次电源侧，二次侧主要通过变压器的线间电容耦合，分别贯穿各自的电路，通过底座回到开关器件的底座节点。

如果有路径使噪声电流从负载流出并通过负载返回，共模噪声就会变为差模噪声，直接干扰电路工作。这种噪声十分棘手，它通过负载流向底座，徘徊在阻抗最低的位置，电路板稍有变化就会改变电路工作，引发故障。

电源内部同理，共模噪声会变为差模噪声，采取共模对策后差模噪声等级也会降低。我们必须把噪声封闭在电源内部，在电源内部耗尽它的能量。

封闭措施指的是在一次侧和二次侧插入共模旁路电容器，制造通向底座的电流路径，降低旁路点和开关器件安装点之间的阻抗，具体如下：

（1）在二次电源整流输出的RTN和底座之间插入旁路电容器（图5.17）。

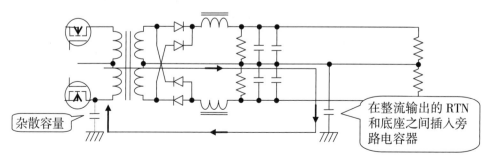

图5.17　共模旁路（1）

（2）如果量不足，在二次电源整流输出的Hot和底座之间插入旁路电容器（图5.18）。

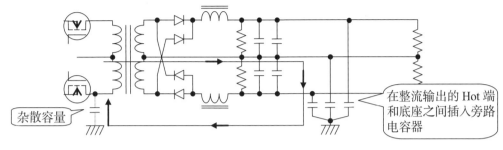

图5.18　共模旁路（2）

（3）一次电源侧的Hot和RTN与底座之间分别插入旁路电容器（图5.19）。

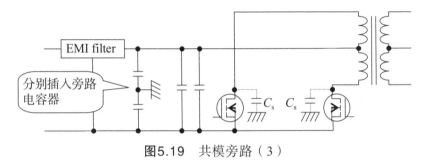

图5.19　共模旁路（3）

（4）尽量缩短旁路点和开关器件的安装点之间的距离。

（5）可根据情况另做旁路配线相连。

以上措施的最终目的是确保共模噪声的低阻抗路径。

在Hot端插入时要选择整流输出点。如果选在二极管的输出点，则会影响开关频率成分，导致效率降低。如果整流输出的下游有串联调整器，就在整流输出点插入旁路电容器。如果忽略这一点，在串联调整器输出点插入旁路电容器，就会强制噪声电流通过调整器，导致调整器的性能降低，引发振动故障。

通常，一次侧的共模旁路电容器要插入EMI滤波器的一次电源侧，这是因为开关电流通过变压器中点，所以用电容器作为旁路时，交流部分会流失，导致效率恶化和电容器的热量损耗。

但是如果电抗远远大于开关频率，小于尖峰信号频率，也可以牺牲若干损耗为前提插入，因为距开关点较近，效果较好。

如果使用100pF的电容器，则开关频率100kHz对应的电抗为

$$X_c = \frac{1}{2 \times \pi \times 100\,\text{kHz} \times 100\,\text{pF}} = 16\,\text{k}\Omega$$

设交流电压为30V，则电损耗为$\frac{30\text{V}}{16\text{k}\Omega} = 2\text{mA}$。

如果尖峰频率为10MHz，则电抗为160Ω，能够得到旁路效果。如果100kHz下容许20mA的损耗，可以降低一个数位。这些数值要结合一次电源总输入电流来决定。

如图5.20所示，为了避免共模噪声流向别处，可以设置回路，连接到开关器件的安装点。但并非简单地连接，一定要确保这条回路的阻抗低于其他路径。

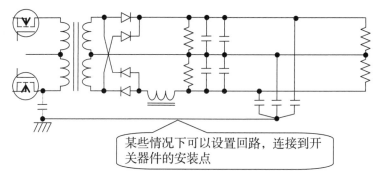

图5.20 确保低阻抗的共模路径

◆法拉第屏蔽

在变压器的一次绕组和二次绕组之间用铜或铝打造静电屏蔽，这就是法拉第屏蔽。其目的在于切断一次绕组和二次绕组之间的电容耦合，只留下电感耦合。它能够有效防止共模噪声的转移，推荐使用。

法拉第屏蔽的工作原理如图5.21所示。

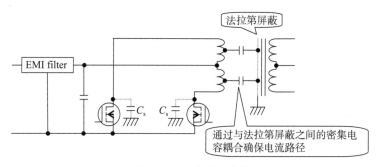

图5.21 法拉第屏蔽

法拉第屏蔽和变压器的一次绕组之间能够产生密集的电容耦合，共模噪声通过此电容耦合流入法拉第屏蔽，由法拉第屏蔽的接地点回到开关器件。需要注意的是，要将法拉第屏蔽接地作为大前提。

从这个观点出发，将变压器的铁芯接地，铁芯和绕组之间有密集的电容耦合，所以能够有效确保共模噪声的路径。

5.1.4 尖峰信号的测量

使用示波器即可测量尖峰信号，如图5.22所示。

如果开关频率约为100kHz，则尖峰信号成分约含10MHz或以上的频率成分，所以要准备频带超过100MHz的测量设备。这里需要说明的是，示波器的频带100MHz表示增益下降3dB的频率为100MHz，并不表示能够无误差读数至100MHz，所以示波器的频带越高越好。

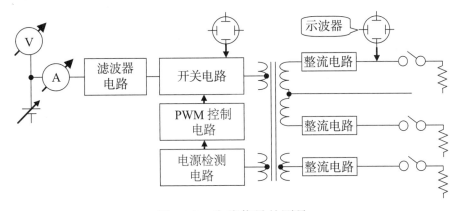

图5.22 尖峰信号的测量

我们从判断提供的输出是否适合负载这一关键点开始，测量所有输出点，这是为了确保所有输出品质。如果与负载的要求一致，就多次改变一次电源电压和负载进行测量。数值明显过大时采取尖峰信号对策。

5.2 共模噪声对策

你是否遇见过下列情况：独立正常工作的设备一旦连入系统，5V的直流电源输出突然变为2V；连接其他设备后没有任何操作就擅自启动；连接或断开负载时叠加在电源线上的噪声发生变化……表面看起来是连接的设备出了故障，但这些情况的原因大多在于共模噪声本身。

思考共模噪声本身。是什么产生了噪声，又是怎样阻碍了正常工作呢？

噪声的原意是来自外部的干扰,我们机电专业人士一般把它定义为"电路制造出的无用信号"。

制造出的噪声能做功,能做功的就有能量。噪声源能够持续接受能量供给,并且能将能量转换为其他形式。

我们面临的问题在于噪声会发生干扰。什么样的干扰呢?噪声是一种有能量的信号源。电路是信号源或功率源经过负载再返回信号源或功率源的完整路径,其中有电流通过,电流会做功。换做噪声就是噪声源作为起点,再返回噪声源的路径中产生了噪声电流,噪声电流发生了干扰。

在考虑噪声时,首先要寻找噪声源,然后寻找从噪声源的一端开始,经过负载,再回到噪声源的另一端的完整路径,这就是制定噪声对策的关键。

没有毫无根据的噪声。电路时不时发生故障,会有人说突然出现了某种噪声。如果问起信号源在哪里、环流路径在哪里,他又会回答说噪声没有什么信号源和路径。这种思考方式是错误的。

那么我们应该如何正确理解噪声呢?噪声是电路制造出来的,是电路的产物。噪声完全属于电信号,因此它符合电路原则,从信号源经过负载又回到信号源的闭合电路是存在的。就是闭合电路的电流经过的地方发生了问题。闭合电路也许不止一条。如果从同一个信号源延伸出多条闭合电路,那么它就会在多个位置出问题。

如果问题的原因在于噪声,就要首先找到噪声源,找到从噪声源开始再回到噪声源的闭合电路。之所以会产生噪声,是闭合电路中的电流出了问题。

5.2.1 共模噪声的产生

1. 开关电源

设备中处理能量最大的是为设备工作供给所有能量的电源,因此电源更容易产生大噪声。

图5.23是PWM型开关电源的电路图例,只显示一次电路和二次电路,省略控制电路。

直流通过三极管转换为方波,通过变压器提取交流,整流成所需的直流。

直流切换过程中,电流反复进行导通和关断。理想电源的阻抗无限小,但现实中难以实现。只通过导通和关断调制电流,无法保证正常的电源供应。而且电

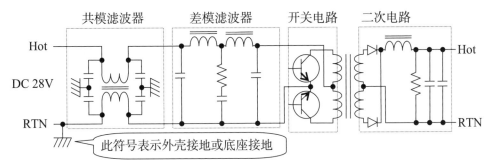

图5.23 开关电源图例

源线的公共电阻会使压降发生变化，对连接在同一电源线之中的其他设备造成影响。

为了避免上述情况，就要用到差模滤波器，它的作用是抑制开关波形的高频成分。这种噪声来自原本的电路，所以叫作差模，具体内容参考4.5节。

2. 杂散电容的形成

开关器件对供给的直流进行导通/关断，从而形成方波，其间会在开关电源中产生共模噪声。

思考噪声源是怎样形成的。

以三极管为例，我们来看三极管的封装情况。为便于散热，三极管需要紧靠底座的金属散热面（通常是外壳）安装。

图5.24是TO-3封装。

图5.24 TO-3封装

底面是散热面，发射极和基极的导线通过底座的两个开孔，紧靠底面安装。

外壳直接连接集电极，必须绝缘。在底面加入绝缘板，用固定螺钉安装在绝缘垫上。

三极管的外壳和底座通过薄绝缘板彼此相对，二者之间有电容器和杂散电容。还记得外壳是集电极吗？集电极和底座间通过杂散电容形成了闭合电路。

杂散电容形成的耦合电路如图5.25所示。

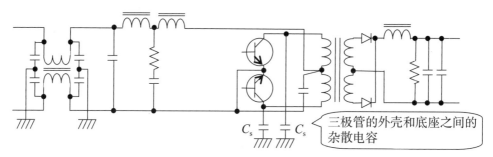

三极管的外壳和底座之间的
杂散电容

图5.25 杂散电容形成的耦合电路

3. 噪声电流源的形成

思考这条电路中会发生什么。

一次电源的地为了稳定电位必须接地。也就是说，地和接地，即底座或外壳电位相同。因此三极管的外壳和底座间的电压等于电源电压。在开关过程中，三极管的外壳电位在一次电源电压和0V之间反复切换。

有电压变化，电容器中就有电流通过。

电容器上的电压和电流之间的关系如下：

$$i = C \cdot \frac{\mathrm{d}V}{\mathrm{d}t}$$

电压的变化越大，电流就越大。

这样，底座和电源线之间就形成了产生电流的噪声源（图5.26）。

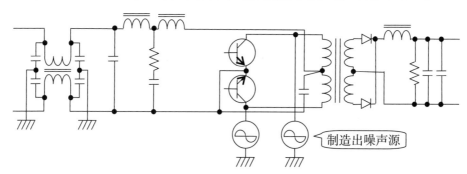

制造出噪声源

图5.26 噪声电流源的形成

此信号源同相驱动底座的Hot线和RTN线，因此被归类为共模噪声。

4. 噪声源的能量

试算一下电流的大小。

（1）估算三极管的外壳和底座之间的杂散电容：

$$C = \varepsilon_s \cdot \varepsilon_0 \cdot \frac{S}{d}$$

其中，S是极板面积；d是极板间距；ε_0表示真空电容率（$\varepsilon_0 = 8.854187 \times 10^{-12} \mathrm{F/m}$，为便于计算，这里设为$10\mathrm{pF/m}$）；$\varepsilon_s$是介电常数，表示不同物质的电容率与真空电容率的比。

图5.27是2N5672的外形尺寸，我们来求电容器的极板面积。

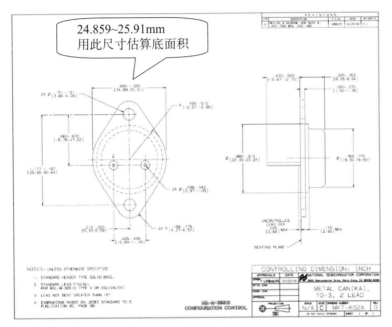

摘自美国国家半导体公司网站

图5.27 2N5672外形尺寸

面积的精确计算较复杂，因为外壳的最大宽度是$28.89 \sim 25.91\mathrm{mm}$，所以设底面积为直径25mm的圆形，面积计算如下：

$$S = \pi \cdot \left(\frac{25 \times 10^{-3}}{2} \right)^2 = 4.91 \times 10^{-4}\ \mathrm{m}^2$$

设绝缘材料为云母，厚度为0.1mm。云母的介电常数是7。

由上述条件可计算出杂散电容C_s的值为

$$C_s = \varepsilon_s \cdot \varepsilon_0 \cdot \frac{S}{d} = 7 \times 10\,\mathrm{pF/m} \times \frac{4.91 \times 10^{-4}\,\mathrm{m}^2}{0.1 \times 10^{-3}\,\mathrm{m}} = 343.7 \cong 350\,\mathrm{pF}$$

数值比想象的大得多。即使云母的厚度为0.2mm，电容值也约有170pF，是货真价实的云母电容器。

（2）计算电流。

电压的变化取决于三极管的开关特性，以2N5672为例，如图4.1所示。电压为30V，集电极电流为15A时，启动时间最大为0.5μs。设杂散电容为350pF，电源电压为28V，启动时间为0.5μs，则电流

$$i = C_\text{s} \cdot \frac{\Delta V}{\Delta t} \cong 350\,\text{pF} \times \frac{28\text{V}}{0.5\mu} = 0.02\text{A} = 20\text{mA}$$

三极管2N5672转换28V电源时，三极管外壳与底座的杂散电容之间能够产生的电流值为20mA，所以负载最大可以通过20mA的电流，也就是说，有一个20mA的信号源。这个数值是不是很大？计算时使用的启动时间是最大额定值，实际会小于这一数值，所以通过杂散电容的电流值大于20mA。

近年来的开关器件使用MOSFET而不是三极管，MOSFET的开关特性优于三极管，电流更大。导通和关断时间如果为200ns，则实际能够得到200mA的电流。

5. 噪声信号波形

如图5.28所示，PWM电源的开关波形为方波。杂散电容的电压发生变化时，杂散电容中有电流，所以电流出现在开关的上升沿和下降沿，波形为尖峰状。

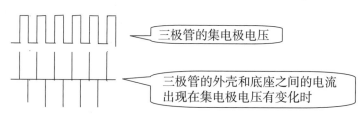

图5.28　共模噪声信号波形

实际测量的波形会由于负载的情况发生变化，可能不同于图中顺滑的尖峰信号。

5.2.2　共模噪声的传播

下面思考一下图5.29中噪声源的电流路径。

噪声源位于三极管的集电极和底座之间。从集电极流出的信号通过变压器绕

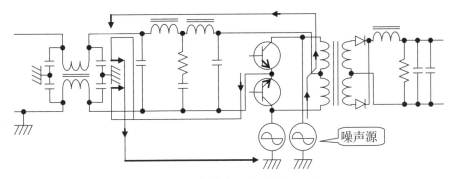

图5.29 共模噪声的传播（1）

组通向一次侧。即使被差模滤波器的扼流圈阻挡，也会通过电容器回流。如果被共模扼流圈阻挡，电流就通过附近的电容器流出底座，再流向三极管外壳对面的底座点，这样就形成了闭合回路。

共模电流的路径不仅存在于一次侧，二次侧也有，如图5.30所示。

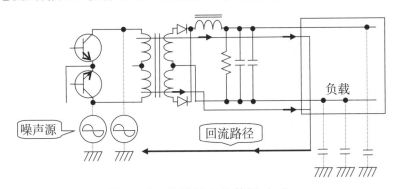

图5.30 共模噪声的传播（2）

电流从三极管的集电极经过变压器的线间容量流向二次侧。二次侧有负载电路，所以共模噪声电流会流入负载电路，并且会寻找负载和底座之间阻抗偏低的位置（具体位置不详）流出底座，并回到作为噪声源的开关器件的安装点。

请看图5.31的回流路径。此路径中有共模噪声电流通过，因此回流路径的阻抗产生压降，负载电路因此产生振动。

虽然电路整体发生振动，但如果电路的各部分以完全相同的电位差振动，各电路间的偏置关系（电压差）不变，不会发生故障。但现实中不同电路要素的时间常数不同，而且不同电路要素与底座之间的杂散电容值也不同，与此杂散电容共同决定的时间常数也不同，所以电位变化时，不同电路要素的电位变化产生分歧。相应的，电压差也发生变化，导致电路的工作点发生变化。情况严重时会发生意料之外的故障。

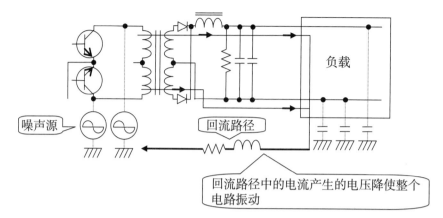

图5.31　共模噪声影响电路电位的稳定性

假设在负载电路端将地和底座相连，这样可以忽略地和底座之间的电感或电阻，此时电流几乎不会产生压降，但还有其他问题待解决。

共模噪声电流会进入负载电路，但并不是直接进入地，它会寻找阻抗最低的位置进入。但它并非只选择唯——个阻抗低的位置，如果电流的所有能量无法全部被这个位置吸收，它还会寻找其他路径。有电流自然会产生压降，改变电路的工作点。

因此并非负载电路端连接好底座即可，一定要对发生源采取相应对策。

5.2.3　共模噪声对策

遗憾的是，共模噪声源无法根除。如果有噪声源，提供噪声能量，那么为了防止能量传播，要将能量封闭在小环路中，将能量以热量方式消耗掉。

我们在前面说过，电源的一次侧通常有共模滤波器，它会打造回路并消耗能量。二次侧需要制定对策，因此要插入旁路电容器，如图5.32所示。

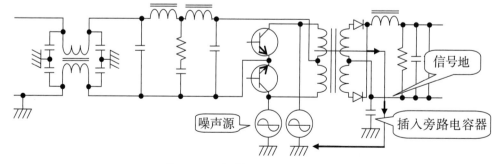

图5.32　共模噪声对策（1）

二次侧也表现为共模，二次绕组的某个端子也会出现噪声。

因此要在底座接地处设置旁路，作为信号地。问题在于旁路和负载电路的阻抗差。如果旁路的阻抗不充分低于负载电路的阻抗，无法被完全吸收的噪声能量就会流入负载电路。

如果地端的阻抗不够低，即无法彻底吸收噪声，就要在Hot端同样插入旁路电容器，尽可能增加电流路径，如图5.33所示。

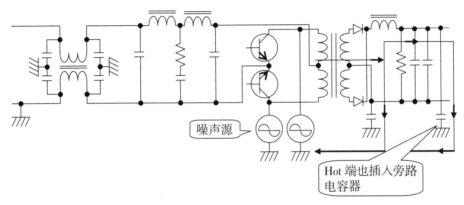

图5.33　共模噪声对策（2）

一定要尽可能降低此旁路的阻抗，而且不能与其他电流路径交叉，所以路径要短，而且要尽可能安装在作为噪声源的三极管安装点附近。电路图必须正确表达设计意图，如图5.34所示。

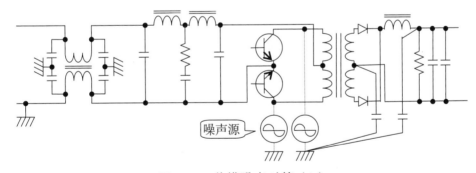

图5.34　共模噪声对策（3）

电路图可以不画成上图，但实装时一定要与上图一致。

也可以将电源的一次侧和二次侧放入两个底座，但这时一定要降低组件底盘之间的接触电阻。用电磁兼容试验装置观测二次输出的共模电流，同时错开旁路电容器的插入点，通过改变底座间的压力来改变接触电阻，这样就能够直观感受到漏出的共模噪声电流的变化。

5.2.4 共模噪声源

上文介绍了电源的开关器件制造出的噪声源。

想必你已经意识到，电路和底座之间的杂散电容无处不在，电路工作带来的电压变化也无处不在。也就是说，只要有电路，到处都是共模噪声源。我们已经介绍过三极管的集电极外壳打造的杂散电容，而实际上集电极配线和底座之间的杂散电容、变压器的绕组和磁芯之间也会发生同样的情况。

能量的大小决定是否会给其他电路造成影响。

近年来，数字器件向大规模、高速化发展。功率增大，开关速度也有所增加。器件为了散热，需要紧靠底座安装。靠近底座意味着杂散电容变大，开关速度增加意味着杂散电容的电抗变小，所以能够形成产生大电流的噪声源。在这种高速IC附近，必须在地和底座或Hot和底座之间插入旁路电容器，以防止共模噪声的传播。

5.3 电磁干扰对策

设备本身不可以向外释放电磁信号来干扰其他设备；同时设备也不可以稍微受到其他设备的干扰，性能就发生劣化。如果满足上述条件，就说明该设备具备电磁兼容。

电磁干扰分为传导（conductive）和辐射（radiative）两大类，也可以进一步细分为发射（emission）和耐受性（susceptibility）。

分别取他们的首字母可缩写如下：

CE：传导发射。

RE：辐射发射。

CS：传导耐受性。

RS：辐射耐受性。

美军的MIL-STD-461电磁兼容标准较有名，我们使用的计算机或家电也有标准，只有符合标准的产品才能上市。

关于电磁兼容有许多缩写，下面介绍常用的缩写，如表5.1所示。

在MIL-STD-461A中，NB和BB设定了不同规格值，要先确定噪声类别再决定适用规格来判断。NB和BB并非EMI测量器的IF带宽。此外，宽带噪声是一种信号，不是随机噪声。

MIL-STD-461在2017年进化到G版，制定了严格的测量方法，只通过测量值进行判断，测量本身变得简单易懂。不知是否是由于这个原因，人们不再关注窄带和宽带特性、差模和共模等噪声的种类和传输形式。这些概念对噪声设计仍有一定的意义，我们还是以MIL-STD-461为例进行讲解。

表5.1　电磁干扰缩写

EMC	electro magnetic compatibility，电磁兼容 指设备适应电磁环境。不会辐射规定等级以上的电磁干扰，在规定等级以下的电磁干扰下不会发生故障
EMI	electro magnetic interference，电磁干扰 包括干扰其他设备以及被干扰
CE	conductive emission，传导发射 通过电缆向设备外部发射的干扰。以电流为依据规定干扰等级。试验中使用电流探头和EMI传感器进行测量。频带要求各不相同，在20Hz ~ 1GHz范围内
RE	radiative emission，辐射发射 通过空间向设备外部发射的干扰。以空间的电场为依据规定干扰等级。试验中使用天线和EMI传感器进行测量。频带要求各不相同，在10kHz ~ 10GHz范围内
CS	conductive susceptibility，传导耐受性 在电缆的干扰下仍能正常工作，即对干扰不敏感。通常在电源线上叠加骚扰功率。增加20Hz ~ 500MHz的正弦波信号或尖峰状信号
RS	radiative susceptibility，辐射耐受性 暴露在电场或磁场中仍能正常动作，即不敏感。通常叠加10kHz ~ 40GHz频带的电场、火花放电或线圈产生的尖峰状磁场
NB, BB	narrow band 和 broad band，窄带和宽带 窄带噪声（narrow band noise）指的是能够明确识别的信号，可以用拨号接收机准确捕捉调谐点。宽带噪声（broad band noise）指的是无法识别为信号的信号，拨号接收机无法准确捕捉信号的调谐点。信号覆盖宽频，处理时将测量值换算成1MHz的方形带宽中接收的等级

5.3.1　CE

用电流探头测量电缆上叠加的噪声电流。用电流测量的目的是捕捉噪声能量。

CE是通过连接设备的电缆向外部发射的信号。电源负责供给设备的所有电能，所以也是主要信号源。MIL标准中也将CE01、CE03和电源线规定为彼此独立的对象。

如果二次侧的整流电路设计准确，一次侧的滤波器抑制住了交流部分，则可以忽略电源产生的差模噪声信号。

CE中经常出现的问题几乎都源自共模噪声信号。电源的一次电源侧输出信号的同时，通常其他信号线也会叠加。

试制电源后必须测量CE，也要测量二次输出的CE。一次电源线遵守EMC标准，人人都会测量，但极少有人测量二次侧。电源的作用是为负载提供功率，功率的品质十分重要。所以我们要进行测量，并抑制噪声等级。人们往往只重视一次侧，但实际上最重要的是供给功率的一方。

这时要分别测量差模和共模，确定噪声信号属于哪种形态。根据结果判断对差模和共模中的一方或双方制定措施。

在电流探头孔中放入目标测量电缆，就可以通过变压器原理测量噪声电流。电源线包括Hot和Return。只将Hot端放入电流探头就可以测量差模和共模的叠加电流等级。把Hot端和Return端二者都放进电流探头，能够测量共模。

如果共模电流较大，则首先对共模采取对策，然后重新测量差模，满足规定即可；如果超出规定，则对差模采取对策。

信号线也同样用电流探头测量。严格设计的差模应该不会出现问题。

5.3.2　RE

可以说如果CE正常，RE就不会有问题。

使用MIL时，要在距设备1m的位置设立天线，测量电场强度。规定连接设备的电缆最短2m，与天线相对设置。

例如，航空航天设备大多为铝制外壳。铝制外壳可以防止噪声信号穿透，避免造成强烈干扰。也许有人会担心外壳和盖子之间的缝隙，但0.1mm左右的缝隙不会出现泄漏。如果电路整体被金属外壳包围，可以认为外壳几乎不会直接辐射。大部分辐射源自连接设备的电缆。

噪声信号会沿着连接设备的电缆，经过目标设备或试验装置、电缆的线间电容回流，变为辐射发射。

如果RE不合格就要测量CE。规定的CE最大只能测量到50MHz。有的电流探头的测量范围在1GHz以内，用这种探头测量高频，应该能够找到问题信号。

大多数情况下有共模噪声信号重叠。释放电能的是电源本身，只要测量并抑制电源二次输出的共模噪声信号应该就能解决问题。

近年来出现了FPGA等高速大规模集成器件，测量这些器件时伴随着巨大的电流变化，有差模噪声信号，也有共模噪声信号，需要特别注意。

5.3.3 CS

检查一次电源线叠加干扰信号后是否能够正常工作。

系统设定了各种干扰信号，如正弦波信号、阻尼振荡脉冲、导通/关断时继电器节点产生的信号等。

干扰信号大多数情况是叠加在电源线上，所以要在电源输入点阻断。关键在于PWM电源能够在正确的工作点工作。只要在正确的工作点工作，就能够经受住轻微干扰。

电源结构上要注意的是，要确保PWM IC的电位稳定。电源的地要用电容器在底座或外壳上打造旁路，如图5.35所示，这是为了降低地的高频电位，从而维持PWM IC的电位稳定。

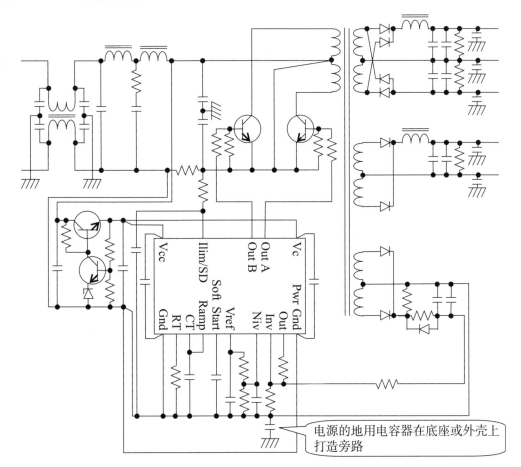

图5.35 高频电位对策

另外，不能在地回路插入电感器。在回路插入电感器，虽然能够抑制差模的噪声电流，但电感器中出现交流电流，会使开关电路地的电位发生变化，如图5.36所示。这对于高增益处理微小信号的PWM IC极其不利，可能导致PWM IC无法正常工作。

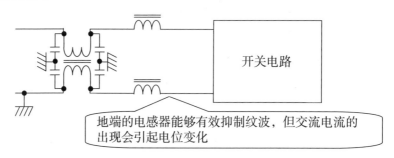

图5.36　插入地回路的电感器

地回路中插入电感器也可能正常工作，但图5.37所示的CS试验中，外部交流信号会影响稳定性，不能实用化。

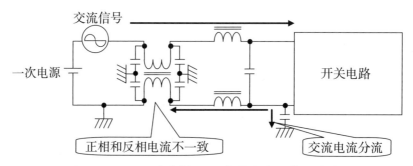

图5.37　地回路中插入电感器导致电位不稳定

在图5.37中，交流信号依次经过输入的共模电感器、差模电感器后进入开关电路。回流的电流在插入地回路的电感器的作用下使开关电路的返回电位上升。电流会分流到用于稳定PWM IC工作而插入的旁路电容器，这样会导致共模电感器的正相和反相电流不一致，原本可以忽略不计的共模电感凸显出来，这又会使开关电路的返回电位变化更大。

5.3.4　RS

设置设备和连接电缆，确认正对的天线在电场和磁场中是否能够正常工作。

RS和RE同样基本不会有问题发生。航空航天设备多采用铝制外壳，信号不会穿透铝制外壳直接进入内部电路。与RE相同，问题多源自设备的连接电缆。

只要为每条电路或每个设备留好旁路就不会有问题发生。

5.4 实 装

一定要记住，PWM电源的实装能够大大左右性能、效率，以及向外部发射的电气噪声的大小。结构设计者需要与电气设计者共通探讨最佳实装方案。

略带偏见地说，结构设计者常对电气避而不谈，这就必然导致其设计无法与电气完美匹配。而电气知识对于电子设备的设计不可或缺。我们不要求结构设计者完全掌握电气或电路的知识，但至少应该与电气设计者研究讨论。电气设计者也应该积极地对结构设计者说明配置的必要性，以得到对方的理解。如果只要求在哪个接触点降低电气阻抗、应该在哪里缩短共模旁路的路径等，则极少有结构设计师会细心打磨设计。

下面我们来总结在实装时应该特别注意的问题。

5.4.1 开关电路

方波的上升和下降瞬间产生的杂散电感会引起较大的压降和较高的尖峰电压。

电流变化为$\dfrac{\mathrm{d}i}{\mathrm{d}t}$时，电感器$L$两端会产生$V = L \cdot \dfrac{\mathrm{d}i}{\mathrm{d}t}$的电压。

我们原本想在开关导通的瞬间将一次电源的功率全部施加在变压器绕组上，但是上升时巨大的电流变化使得杂散电感产生压降，所以无法施加目标电压，也就无法施加预期的功率。我们想打造方波状的电流，但是上升状态较差，工作无法按照PWM电源的原理进行。

为避免这种现象，我们要在变压器附近安装电容器组，在开关导通的瞬间供电。

开关导通的瞬间，电容器组就是电源，也就是功率供给源。电源的功率必须毫无浪费地供给出去，因此需要将电容器组、变压器、开关器件和回到电容器的环路内的杂散电感降低到可以忽略不计的程度。否则就失去了特地将电容器组安装在开关电路旁的意义。

如图5.38所示，要尽可能降低电流环路内的杂散电感。

我们要降低电感器和变压器中点、变压器到三极管集电极、三极管发射极到地，以及地到电容器之间的杂散电感。也就是说，上述元件必须就近安装。

变压器的导线不是变压器的一部分，而是配线的一部分。导线同样要尽可能

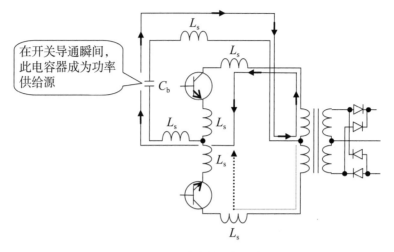

图5.38　降低杂散电感

短。有人特地将使用螺旋磁芯的变压器放入外壳，说这才是变压器，但它只是加长了多余的导线，没有其他好处，还是直接安装螺旋磁芯吧。

连接图很难完整描述，请参考图5.39。

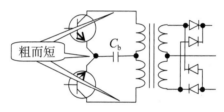

图5.39　降低杂散电感

在前面的章节中我们已经知道，即使根据功耗求出的平均电流不大，但瞬态电流变化率较大，加粗导线有助于减小配线的电感。

我们在开关导通的瞬间最需要电容器组的工作。之后的功率要完全依赖一次电源供给。因此EMI滤波器和开关电路之间的配线十分重要。但最重要的还是电容器组周边。

我们在前面的开关导通内容中讨论过，开关关断时电流变化也会使电感器产生大电压，形成尖峰噪声，有时瞬态电压会超过开关器件的耐压。所以导通时使杂散电感降至忽略不计的措施也在关断时起作用。

【专栏】　杂散电感

夏目漱石的《三四郎》中出现过stray sheep（迷途羔羊）一词，stray的原意是徘徊，人们常常将配线图中未明示的电感称为stray inductance（杂散电感）。

5.4.2　开关器件驱动

我们在前文中介绍了开关过程中杂散电感的效果，而大电流开关时还伴随开关器件的驱动问题。

三极管的基极驱动只需导通/关断所需的电流，但FET的栅极-源极间电容器的充放电电流较大，所以杂散电感带来的压降问题较明显。如果想缩短栅极-源极间的电容器的充放电时间，就要尽可能使用所有的PWM IC驱动电流，最大电流将近2A，等级近似于开关电路的电流。

为了消除配线的电感效果，驱动IC和FET栅极之间要尽可能使用短而粗的配线。同时对驱动IC的电源端子就近设置电容器组，以便瞬间提供大功率。

5.4.3　整流电路

与一次侧的开关电路相同，二次侧的整流电路中也会通过高频功率信号，因此要做好与一次侧相同的准备，如图5.40所示。

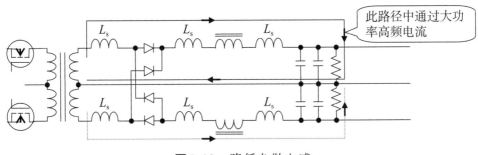

图5.40　降低杂散电感

在配置和布线上要极力使变压器到二极管、二极管到电感器、电感器到电容器、电容器到变压器之间的杂散电感忽略不计。

变压器前后的电路，也就是大功率高频电流经过的部分需要靠近器件。尽管麻烦，但要想尽办法实现，这对后面即将提到的共模噪声对策也有帮助。

5.4.4　EMI滤波器

EMI滤波器与电源主体安装在同一组件中。有的设计中，EMI滤波器与电源主体分离，但这样的设计并不合适。当然，如果设计完好，设备也可以正常工作，但很难做到完好的设计。原因在于共模噪声对策。

差模噪声的路径与一次电源相同，如图5.41所示。

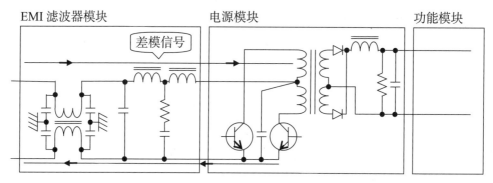

图5.41　差模噪声的电流路径

因此即使EMI滤波器与电源安装在不同的组件中，噪声电流也不会泄漏。当然，噪声能量会通过组件之间的配线和其他配线之间的杂散电容而泄漏，噪声也会通过空间以电磁波的形式传播并干扰工作，不能说好，但也并不存在根本性的问题。

下面思考共模噪声的电流路径，如图5.42所示。

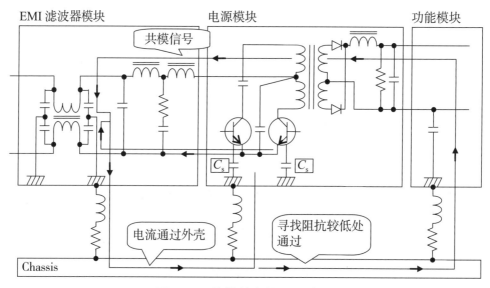

图5.42　共模噪声的电流路径

从电源组件流向EMI滤波器组件的共模电流通过EMI滤波器组件的外壳流出，再流出封装的外壳，然后回到信号发生源——电源组件的开关器件中。

可事实上从EMI滤波器组件返回的路径有漏洞。噪声电流会寻找最易于通过的路径，也就是阻抗最低的路径，只要存在优于直接返回电源组件的路径，噪声电流就会选择这条路径，或从多条路径分流通过。

最恶劣的情况是电流从功能组件的功能电路中回流后产生噪声，甚至引起工作故障。插拔组件会改变工作状态，乍一看似乎难以理解，而事实上这是因为插拔组件会改变共模噪声电流的路径。

将EMI滤波器与电源配置在同一组件中能够确保共模噪声的路径，也更容易在设计中确保阻抗低于其他路径。对于减小噪声电流环路，并彻底消耗噪声能量的大原则来说，在同一组件中设计EMI滤波器和电源是最佳方案。

组合开关部分与EMI滤波器，不如将开关部分与EMI滤波器作为一个整体电源。

EMI滤波器电路要尽可能设计为直线状，元件安装如图5.43所示。理由很简单，这是为了防止滤波器前后耦合带来衰减不良。

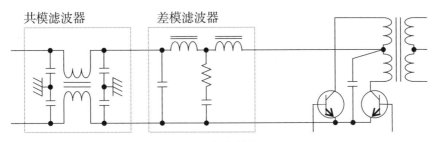

图5.43 滤波器的配置

设滤波器的带外衰减为80dB，则带外频率下反过来看滤波器有80dB的增益。80dB就是10000倍。增益达1000倍的放大器在实装中绝对不会允许输入和输出线靠近，引起耦合。滤波器也是如此，为了得到与设计一致的衰减，要避免输出输入间的耦合，因此直线状是最佳配置。

安装顺序为共模滤波器在前，差模滤波器在后。顺次安装电容器并不难，但为防止电容器的短路故障，需要仔细安装电容器的串联冗余，如图5.44所示。

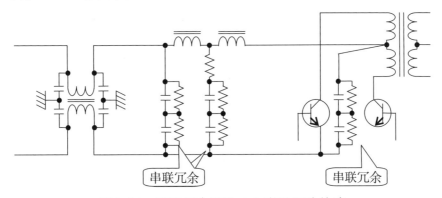

图5.44 串联冗余以防止电容器短路故障

电容器的数量要加倍，而且电容器的容量加倍，体积也加倍，即直径约增加到1.4倍。所以要为一个电容器准备约3倍的面积。

【专栏】　元件配置

原则上，元件配置要遵守配线图。配线图为由左到右或由上到下，沿信号的走向绘制而成。大多数公司以此顺序绘制。配制元件时遵守配线图，信号就能够很好地由高信号等级通向低信号等级，从输入通向输出，狭长形的优势就体现在这里。有些人本来绘制配线图就很随意，现在越来越多的人仅把配线图作为印制电路板设计的数据库，直接在纸上用端子连接细分的电路来作为配线图，因此现实中很多情况下配线图并不是最佳配置。

如今，人们多在印制电路板上实装，仔细研究并学习元件配置的机会似乎越来越少。如果你仔细观察电子管时代的美军接收机，就会发现从天线输入点到最终声音输出点，沿信号路径配置的元件都是十分考究的。

希望读者在今后接触到形形色色的产品时，能够认真观察元件的配置、信号的路径，以及旁路电容器的相应配置、印制型板的裁剪等，一定会受益匪浅。

5.4.5　共模噪声对策

为了给散布在一次侧和二次侧的共模噪声信号打造环流路径，要用电容器将电源的热线和冷线在外壳或底座上旁路。

进入外壳或底座的噪声信号必须通过低阻抗电路回到噪声发生源的开关电路。因此导线必须短而粗，做到这一点并不简单。要从一次侧和二次侧两处返回开关电路，也就是说，要从两条旁路中找到距离最短的一点，这需要我们立体观察元件配置。

如图5.45所示，通向外壳或底座的旁路电容器的接地点必须以最短距离连接开关器件的安装点。

通向外壳或底座的旁路电容器的作用是将共模噪声信号送入通向开关器件的环路中。我们需要降低环路阻抗，以免噪声电流流入其他路径，同时减小环流路径，将电流困入极小的空间中，使能量消耗在环路之内。

航空航天设备通常使用铝制框架，在上面固定印制电路板。铝制框架比印制图形更宽更厚，有助于打造低阻抗，因此可以为框架制作旁路。

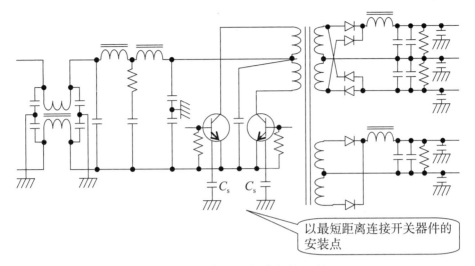

图5.45 降低噪声路径的阻抗

所以要在印制电路板外围制作接地图形，接地图形固定在框架上，就可以简单地连接旁路电容器的一端，如图5.46所示。

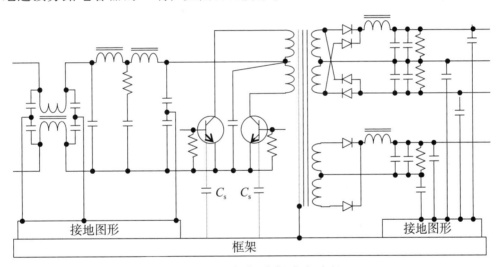

图5.46 用框架确保噪声路径

旁路电容器到接地图形的距离较远，但只是配线图上看起来远，实装中接地图形必须直接连接电容器的导线。请务必在元件配置上多想办法。

共模信号环路也应该安装在同一组件内，但有时需要分离一次侧和二次侧，尤其是在制造多输出电源时。

这时需要确保两个组件之间的共模路径。使用铝制框架时要降低框架之间的接触阻抗，因此需要增大框架之间的接触面积，牢牢固定二者之间的螺母。

设备内部结构多采用铝制。铝需要做表面处理，但为了确保接触部分的导电性，只做铬酸盐处理。耐酸铝的表膜十分耐用，但没有导电性，所以不能用于需要电气接触的位置。

5.4.6　印制电路板实装

1. 系统分离

实装时要分模块进行安装（图5.47）：

（1）一次电源输入，EMI滤波器和开关电路。

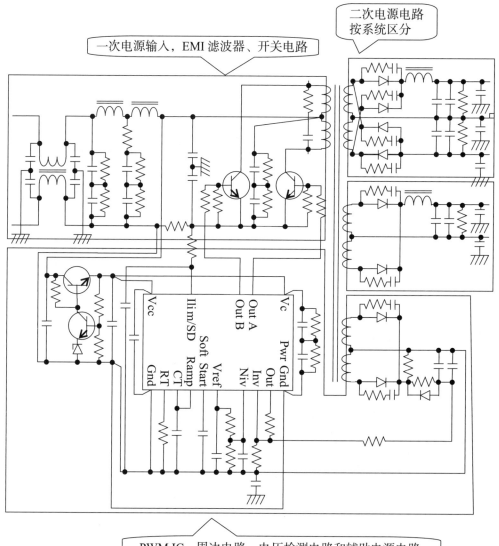

图5.47　印制电路板实装

（2）PWM IC、周边电路、电压检测电路和辅助电源电路。

（3）二次电源电路按系统区分。

这样做的理由很明确，是为了分离处理功率和处理信号的部分，二次侧要与一次侧绝缘。

PWM IC是含高增益放大器的信号处理电路，内部电路的开关元件驱动部分是基极驱动或栅极驱动，但PWM IC的主要功能是根据二次输出电压与基准电压的差进行电压放大，比较振荡器输出的锯齿波生成开关信号，因此这部分必须与大功率电路分离开来。

那么什么叫分离呢？虽然我们想做到物理分离，但是设备内部空间太小，难以实现，所以至少要根据系统安装元件，决不能混同来自不同电路的器件。我们按照图5.47，以模块为单位进行安装。

最重要的是电源类的分离。电源类涉及共用的就是地回路了。一次侧和二次侧已经分离，但一次测的功率电路和控制电路的地是共用的。要明确分离两者的地，如图5.47所示，在一个点上相连，这样才能避免彼此的电流在共用地中相互影响。

地采用通常所说的铺铜，也就是为印制电路板整面铺设铜的方法。铺设时要区分功率类和信号类。

PWM IC中含有开关器件的驱动电路。这个电源端子通常独立于控制电路的电源端子，虽然不是地，但驱动电路和控制电路都从相同的辅助电源接受供电，从功率类和信号类分离的角度上说，要使用不同的图形连接辅助电源的输出点。

很多人认为铺铜是最佳方法，这是因为信号线图形和地彼此相对，中间的电感使得高频几乎为接地状态，电路稳定。但这并不是最佳方法，我们无法估测地层中的电流路径，所以无法确保电流干涉。因此要尽可能为不同系统设置不同的铺铜。

关于铺铜的内容请参考附录中的铺铜研究。

【专栏】 铺铜

我在其他章节中也反复提到过，教科书上写的"最佳"都有指定对象，并不适合所有情况。

在铺铜中，相对的信号层因与地或电源层之间的电容而耦合，不易受其他耦合的影响，而且通常电源层和地层相对的面积较大，旁路电容器效果较好，这就是教科书上称其为最佳的原因。

　　问题在于电流路径。电流会在铺铜中选择路径通过，会增加信号电流之间的干扰。电路设计的关键在于避免干扰电流的回流路径，从这个角度来看，铺铜比较棘手。但是增加地层的面积本身是有利的，我们可以按照电源类、信号类等将铺铜按系统区别使用。

2. PWM IC的实装

　　制作者至少应该将PWM IC与辅助电源安装在印制电路板上。电路简单，图形较少，所以双面电路板就足够了。但如果将其中一面的整面作为地的铺铜，则难以布线，只能将空闲位置作为地的铺铜。

　　PWM IC的实装需要特别小心，因为其中包含高增益放大器和比较器。

　　将PWM IC的底面作为铺铜。

　　误差放大器的输入电路配线内侧作为地的铺铜。

　　在图5.48所示的配线图中，框线内侧作为铺铜，不许其他信号线通过。

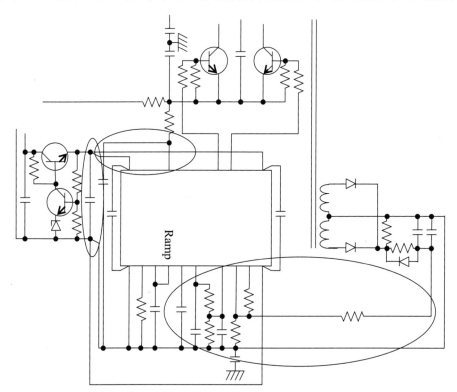

图5.48　高增益电路输入的屏蔽

PWM IC中实装了半导体裸片（die）。我们无法指出裸片的哪个部分是误差放大器，哪部分是比较器，但既然含有这些器件，我们就要在PWM IC背面设置铺铜，以稳定裸片上的高频电位。

误差放大器的输入阻抗较高，要屏蔽连接于此处的信号线。与信号线相对设置地层。如果条件允许，可以在信号线的两侧配置地，制成屏蔽图形。

思考设置地层的意义。如果有东西靠近信号线或处理信号的器件，就会通过二者之间的杂散电容形成电流路径。频率越高，电流越容易通过，信号就越容易受到干扰。

对信号线或器件设置地层，则信号线和地间出现电容。两者距离越近，容量越大。信号线的高频电位就会被拉近地，即使周围有东西靠近，也不易受影响。换言之，与地层之间的耦合强于与外部的耦合，可以降低与外部耦合造成的影响。

实际上，有时误差放大器的输入点的阻抗较高，如果地的电位变化较大，正负各自的输入点的电容和电路的电阻决定的时间常数的差会引发故障。请严格按照前文所述，在PWM IC周围制作印制图形。

【专栏】　严格遵守设计

"为什么电路发生了振荡？"

"按照安装图制作了吗？""是的。"

"按要求使用元件了吗？""是的。"

"极性安装正确吗？""是的。"

"按照配线图连接了吗？""是的。"

"印制型板与配线图一致吗？""一致。"

"恭喜，与设计完全一致就不用担心了。"

常常有人设计时没有研究噪声路径，对叠加的噪声心存疑惑，向我询问噪声的来源。没必要疑惑，因为这就是你的设计。你只是得到了符合设计的结果，没有任何担心的必要。

附　录
铺铜研究

在印制板的设计中，有一种技术叫做铺铜，即印制板整面残留一层铜箔，用于电源或地。很多人认为铺铜是最好的。从电源线的阻抗角度来说的确是这样，但如果未能正确使用，则会导致不良后果。它并非始终是最好的选择。下面我们来探讨铺铜。

所谓铺铜，是在印制板整面残留一层铜箔。

图A.1是四层的图例。用双面电路板设计信号层，电源和地夹在中间。电源和地铺铜。实际制作时，分别制作第一层和第二层、第三层和第四层的双面电路板，中间粘贴基材，通孔加工后相互连接。

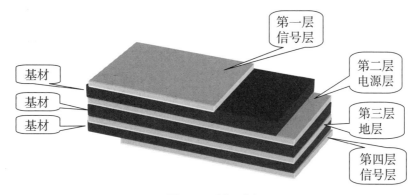

图A.1 铺 铜

铺铜能够降低电路板配线的阻抗。整面都是导体，电阻值自然变低。如图A.1所示，如果电源层和地层相对，就会根据教课书上的电容器原理图构成大面积平板电容器，从而降低高频阻抗，这必然对直流和交流都有利，而且还能够有效防止将铺铜夹在中间的两个信号层之间的静电耦合。

请看图A.2，这是IGBT或FET的栅极的导通/关断驱动电路。考虑到浮动使用，我们以电路为单位使用变压器，准备直流绝缘后的电源，用光耦合器绝缘输入信号，电路常数是作为标准设定的值。

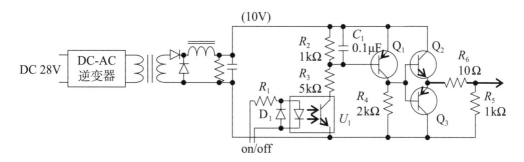

图A.2 栅极驱动电路图例

电源和地铺铜后，实际电路与铺铜的连接如图A.3所示。

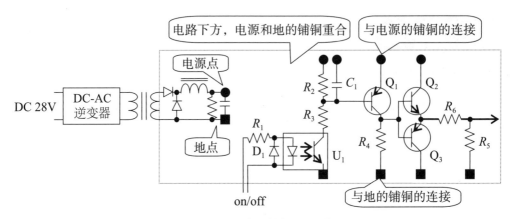

图A.3　电路和铺铜的连接

A.2　杂散电容导致的耦合

铺铜的问题之一在于杂散电容导致的耦合。

A.2.1　杂散电容

铺铜和信号层间的杂散电容会导致耦合。

铺铜和信号层之间形成电容，如图A.4所示。

图A.4　铺铜和信号层之间存在杂散电容

下面思考平行极板的电容器模型。

只取铺铜中正对信号层的部分，能够得到图A.5所示的电容器模型。

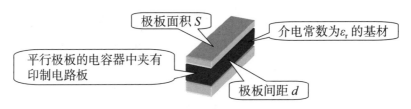

图A.5　电容器模型

电容器的容量C如下式所示：

$$C = \varepsilon_r \cdot \varepsilon_0 \cdot \frac{S}{d}$$

其中，S是极板面积；d是极板间距；ε_r是基材的介电常数；ε_0是真空电容率，$\varepsilon_0 = 8.854187 \times 10^{-12}$ F/m。

从公式中可以看出，信号板越大且电路板越薄，容量越大。

下面介绍杂散电容的简单估算方法。

电容器容量的计算公式的分子是极板面积S，如果信号层宽度为D，长度为L，厚度为d，则可以得到下式：

$$C = \varepsilon_r \cdot \varepsilon_0 \cdot \frac{S}{d} = \varepsilon_r \cdot \varepsilon_0 \cdot \frac{DL}{d} = \varepsilon_r \cdot \varepsilon_0 \cdot L \cdot \frac{D}{d}$$

我们不需要精确数值，采用便于使用的单位即可，因此真空电容率ε_0取10pF/m，即1pF/0.1m，于是电容器的容量为

$$C = \varepsilon_r \cdot \frac{L\,(\mathrm{m})}{0.1\,(\mathrm{m})} \cdot \frac{D}{d}\,(\mathrm{pF})$$

由此可知，如果图形长度为10cm，宽度和电路板厚度相同，则电容值为1pF，记住此数值有助于今后的计算。

假设使用宽度为0.8mm、印制板厚度为0.4mm、长度为2cm的玻璃环氧板，玻璃环氧板的介电常数是5，则可简单地计算出杂散电容为

$$C_s = 5 \cdot \frac{2\mathrm{cm}}{10\mathrm{cm}} \cdot \frac{0.8\mathrm{mm}}{0.4\mathrm{mm}} = 2\mathrm{pF}$$

这里将与信号层相对的铺铜部分单独作为电容器，但实际上铺铜无限大，与信号层相对的部分实际非常大，杂散电容还会更大。

此计算示例中杂散电容值较小，而实际上拉伸或者焊盘变宽会导致信号层的面积变大，杂散电容值很容易达到50pF。请用上述方法进行试算。

另外，玻璃环氧板长宽均为10cm的铺铜相对设置，容量是多少呢？设电路板的厚度为0.4mm，介电常数为5，则容量为

$$C_s = 5 \cdot \frac{10\mathrm{cm}}{10\mathrm{cm}} \cdot \frac{100\mathrm{mm}}{0.4\mathrm{mm}} = 1250\mathrm{pF} \approx 0.001\mu\mathrm{F}$$

A.2.2 信号和地的耦合

信号电路和地之间因为信号层和地的铺铜之间的杂散电容形成图A.6所示的耦合电路。

图中虚线连接的部分就是因杂散电容形成的耦合电路。

光耦合器U_1的一次电路和地层之间也有杂散电容，会引起干扰，这里只展示同一电源系统的部分。

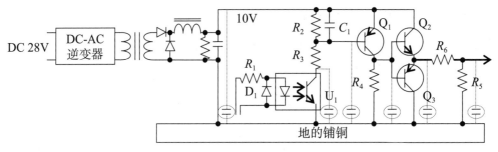

图A.6　信号和地的耦合

电路工作时，如果信号层的电位有变化，就会对这些杂散电容充放电，这会影响到电路工作点的稳定性和响应速度。如果工作点的数值接近限值，杂散电容的充电电流或放电电流会有所流失，导致瞬态时工作点失控。要解决这个问题，可以直接增加电路的电流值，即确保电流足够用于杂散电容充放电。

在电路电阻较大时，杂散电容对响应速度的影响会带来问题。设杂散电容为50pF，电路电阻为100k时，时间常数为5μs。如果电路的开关频率为200kHz，则电路可能不工作。因此考虑到杂散电容的影响，要将电路电阻设定为较小的值。此电路示例中最大电阻值为5kΩ。50pF的杂散电容的时间常数为0.25μs，在200kHz下能够正常工作。

同理，电源线也会通过杂散电容与地耦合，由图A.6可知，与电源的平滑电容器并联接入，可视作平滑电容器或高频旁路的一部分。

那么通过杂散电容的电流有多大呢？

通过电容器的电流i与电容器上的电压变化率成正比：

$$i = C \cdot \frac{\mathrm{d}V}{\mathrm{d}t}$$

其中，C是电容器的容量，V是电容器上的电压。

如果电路在10V下开关动作，在输入中加入方波，则各部分电压以振幅为10V的方波工作。设方波为10V，上升和下降时间为0.25μs，杂散电容值为10pF，则此时杂散电容中的电流如下：

$$i = C \cdot \frac{\Delta V}{\Delta t} = 10 \times 10^{-12} \times \frac{10V}{0.25 \times 10^{-6}} = 4 \times 10^{-4}A = 400\mu A$$

因此电路各部分受到400μA的影响，如果杂散电容为50pF，则受到5倍，即2mA的影响。

由此可以理解，增加电路电流可以降低外部影响。

A.2.3　信号和电源的耦合

信号电路和电源之间因信号层和电源铺铜之间的杂散电容形成图A.7所示的电容器耦合电路。

图中虚线连接的部分就是因杂散电容形成的耦合电路。

光耦合器U_1的一次电路和地层间有杂散电容，会引起干扰，这里只展示同一电源系统的部分。

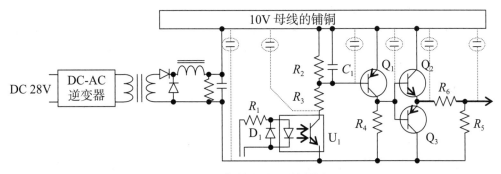

图A.7　信号和电源的耦合

由前面的介绍可知，杂散电容的反复充放电及其影响，在电源线和地之间不构成问题。

观察Q_1的基极电路，这里也出现了杂散电容的影响，但原本0.1μF值就很大，即使并联了50pF或100pF的小电容，也几乎不会影响电路工作。

目前为止，我们介绍了信号和地的耦合、信号和电源的耦合，实际上还有很多情况，例如信号层的一部分与地相对，一部分与电源相对，一部分双面板与地和电源二者相对等，所以地和电源都会因杂散电容形成耦合电路。

A.2.4　铺铜的作用

铺铜和信号层之间因杂散电容发生耦合，这会影响到电路的工作点和响应特性，但只要做好应对措施，低阻抗电源和地层一定程度的电容耦合反而不易受外部影响。

我们将电线放在印制电路旁边，一旁设置电路板。它们与信号线之间因杂散电容发生耦合，但最多只有几pF，远远小于铺铜之间的杂散电容，可以确保电路工作的稳定。而信号板上即使叠加电磁波，也会形成杂散电容较大的旁路，仍然能够确保稳定性。

A.2.5　信号和其他电源的耦合

图A.8的驱动电路规模较小，只能放在电路板的角落里。其他电路的工作电压为28V，DC-AC逆变器的工作电压也是28V。我们准备了28V的工作电路主体，印制板采用28V的电源铺铜。

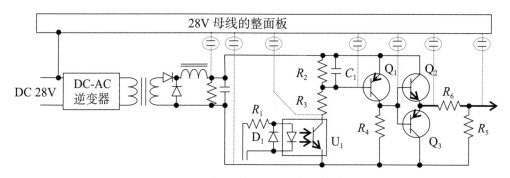

图A.8　与一次电源母线的耦合

信号电路和28V电源间因信号层和电源铺铜之间的杂散电容形成图A.8所示的电容耦合电路。图中虚线连接的部分就是因杂散电容而形成的耦合电路。

其中的难点在于，虽然驱动电路在10V下工作，但对方是28V，杂散电容的充放电在28V下进行。

修改上面的电路图后出现一张莫名其妙的配线图，如图A.9所示。

将28V修改为300V，杂散电容已经很恐怖了。即使因50pF过大而修改为5pF，这张与300V电源耦合的电路图仍然令人望而却步。

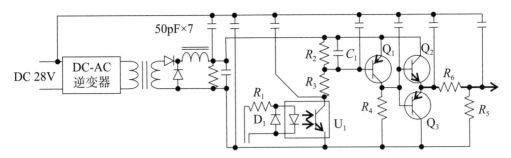

图A.9 尝试在配线图中画出与一次电源母线的耦合

A.2.6 分离各个电源系统

电路中使用的电源以外的电源层不可以放在电路下方。如果电源是双系统，则铺铜也分为两个。

图A.10中已用变压器将两个电源系绝缘，接下来只要切割铺铜即可。

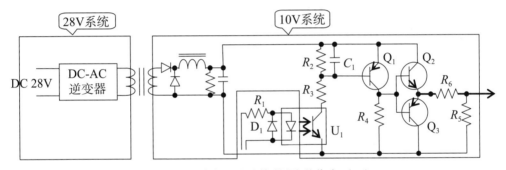

图A.10 不同电源系统的图形分离（1）

如图A.11所示，虽然同一电路板内会使用调整器或基准电源，但严格地说，应该按照不同电源系统分离。但切分所有位置过于麻烦，更实际的做法是通过计算信号带来的影响来决定是否分离。

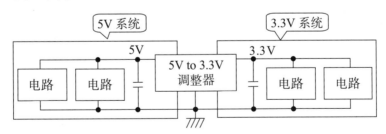

图A.11 不同电源系统的图形分离（2）

A.2.7 浮动情况下

电子电路的地需要稳定电位，所以大多数情况下要接地，但某些应用情况需要浮动使用地。

图A.12是三相电机的IGBT开关电路示例。

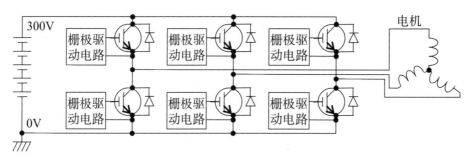

图A.12 三相电机驱动电路

串联IGBT，中点连接三相电机。通过操纵IGBT的导通/关断，控制电机绕组内的电流及其方向。

下面三个IGBT的发射极电位始终接地，为0V，所以驱动电路的地始终接地，为0V；上面三个IGBT的发射极电位随着IGBT的导通/关断而变化，所有IGBT关断时不定，下面的某个IGBT导通时变为0V，上面的某个IGBT导通时变为300V。驱动上面的IGBT的驱动电路的地必然浮动。

上面的IGBT驱动电路配线图如图A.13所示。

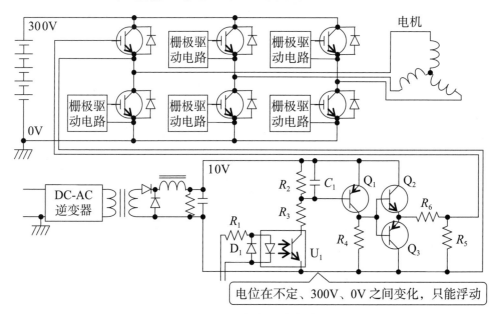

图A.13 浮动驱动电路

在驱动电路下方铺设地层，则地层和驱动电路的各个图形之间形成图A.14所示的电路。

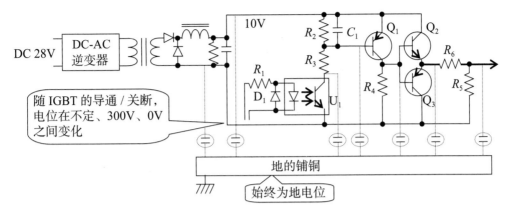

图A.14　与地层耦合导致电位变化

问题在于地的电位变化。从0V到300V，或从300V到0V，而且在开关时电压急速变化。在这个瞬间，巨大的电流通过杂散电容流过地层和电路之间。

如果所有信号点的电位变化都相同还好，但电流或电压变化取决于杂散电容值和电路的电阻值决定的时间常数，不同的点的时间常数不同，所以每个电位变化也都不同。因此瞬态时电路的偏置关系混乱，严重时关断驱动会变为瞬态性导通驱动，上下的IGBT甚至会同时导通，导致损坏。

为了防止地电位变化时杂散电容中出现电流，电路部分的铺铜要与周围分开，连接地。这样驱动电路和铺铜之间的电位差可以保持不变，避免杂散电容中产生电流，如图A.15所示。

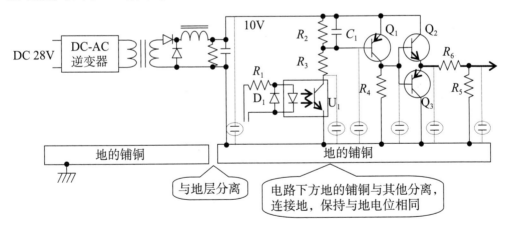

图A.15　地的铺铜确保电位稳定

一共有三对IGBT，各自中点的电位根据开关分别变化。如果各自的驱动电路下方使用同一块铺铜，则地的电位变化会使杂散电容中产生电流，因此要分开各个驱动电路下方的铺铜以防止这种现象，如图A.16所示。

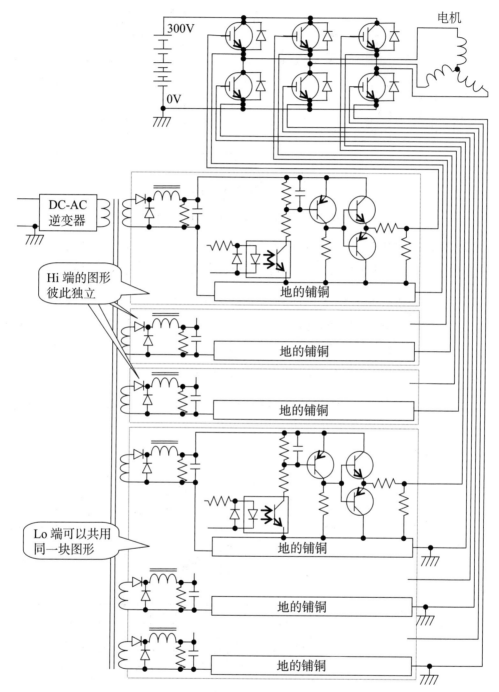

图A.16　驱动电路下方的铺铜

A.3　电流路径

铺铜中有一个问题，那就是电流路径。

A.3.1　电流路径的干扰

IGBT的驱动电路的示例中有六条驱动电路，我们取其中地在接地电位下工作的三条电路，如图A.17所示。

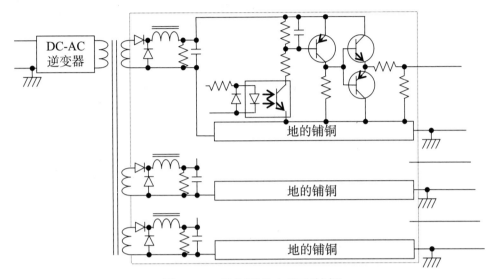

图A.17　多条驱动电路和铺铜

铺铜分为电源和地，但电源彼此独立，电源铺铜必然要分割为三条电路。

三条电路中的地电位相同，所以三条电路只用一块地的铺铜。思考这时返回电流的路径是什么样的。

返回电流的推测路径如图A.18所示。

每条线路都单独设置了电源，返回电流通向各自的电源地。电流会选择最短距离通过，所以推测路径如图A.18所示。这种情况下，三条电路各自的返回电流不通过其他电路下方，不会产生干扰。但现实中，图形阻抗也有个体差异，无法保证电流径直通过。

既然三条电路的地电位相同，也就无须使用三个独立电源，我们共享一个电源即可。减少变压器绕组的好处在于可以减少电源器件。

这时返回电流的推测路径如图A.19所示。

返回电流集中于电源地的一点上。

单纯从几何学角度观察，只要地端子在电源地端子的延长线的半径之外，电流路径就完全独立，不会产生干扰。

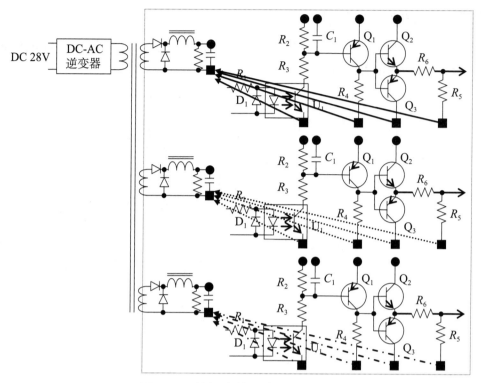

图A.18　铺铜内的电流流向（1）

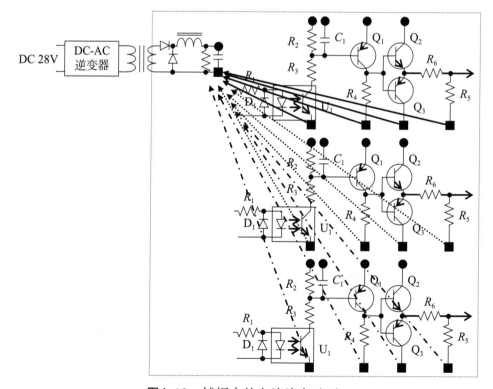

图A.19　铺铜内的电流流向（2）

但实际上电流会选择最易通过的路径，不一定是直线。雷电会选择最易通过的路径，所以闪电是锯齿形的，导体中也是如此。而且还有幅度问题。因此即使端子不直线排列，也会产生电流干扰。

A.3.2 电流的干扰

其他电路的电流流入返回环路中包含的电路板的电阻和电感时，会产生压降，引发电流干扰，就好像在返回环路中插入了电压源，如图A.20所示。

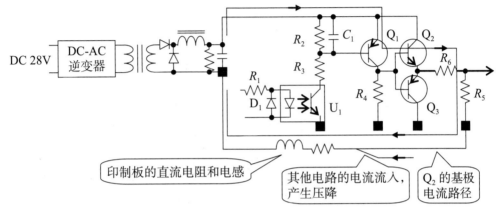

图A.20 来自其他电路的干扰

思考Q_1和Q_2导通时，Q_2的基极电流路径。

问题在于接地母线的阻抗，即直流电阻和电感。其他电路的电流流入后，直流电阻和电感引发压降，此压降进入基极电流电路，调制基极电流，产生干扰。

电感L上产生的压降与电流的变化成正比：

$$V = L \cdot \frac{\mathrm{d}i}{\mathrm{d}t}$$

因此，即便电流不大，只要变化剧烈，也会产生大电压。

假设电感为$1\mu H$，电流在$1\mu s$内从0变为1A，则

$$V = L \cdot \frac{\Delta i}{\Delta t} = 1 \times 10^{-6} \times \frac{1A}{1 \times 10^{-6}} = 1V$$

即产生1V的压降。

铺铜的电感不大，电路示例中的电流也不会变化，电路本身的电流电平较高，不会对接地阻抗产生影响，但是当VF变换器和AD变换器处理单位是pA或pV的微弱信号时，问题就很严峻了。

A.3.3 避免电流干扰

要想避免电流干扰，就要将每条电路的电源和地层分开。

驱动电路示例如图A.21所示，此处只展示地层，但预备了相对的电源层。

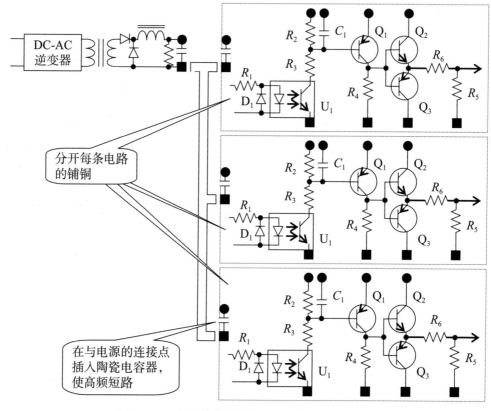

图A.21 防止其他电路电流干扰的图形配置

这样就可以将每条电路的电流环封闭在各自的图形上，避免干扰。在铺铜连接电源的部分插入高频特性较好的陶瓷电容器，打造旁路，就万无一失了。